たのしくできる
光と音のブレッドボード電子工作

西田和明 [著]
サンハヤト（株）ブレッドボード愛好会 [協力]

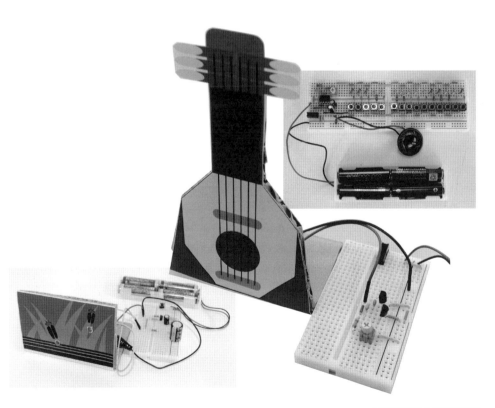

東京電機大学出版局

本書に記載されている社名および製品名は，一般に各社の商標または登録商標です。本文中では™および®マークは明記していません。

はじめに

　最近の電子工作では，電子部品同士をはんだを使って接続するのではなく，ブレッドボードと呼ばれる「穴あき配線板」に電子部品などを挿し込んで，回路を組み立てる方法が多くなってきました。

　本書では，「光と音」をテーマとして小型ブレッドボードを利用した電子工作を初心者でも理解できるようにまとめました。

　基礎編では，使用する電子部品の構造や使い方の説明と，工具の使い方をまとめました．工作前の知識として役立つはずです．

　製作編では，トランジスタやICなどを組み合わせたLEDの点滅や，小鳥のさえずりや電子オルガン，警報ブザーなど多種多様な音を楽しめる作品を組み立てられるようにまとめました．

　特に「ウインクわんちゃん（トランジスタ式マルチバイブレータ）」，「電子楽器（エレキギター風）」，「電子ホタル（トランジスタ式充放電回路）」，「小鳥のさえずり器（トランジスタ式充放電発振器）」の製作では，イラストの型紙を作り，雰囲気を出してみましたので，お試しください．なお，型紙は東京電機大学出版局のホームページ（http://www.tdupress.jp/）からダウンロードできます．

　電子工作で，一番苦労するのは，使用する電子部品をそろえることだと思います．製作編で使用している電子部品，ブレッドボード，ジャンプワイヤーはサンハヤト（株）からキットとして入手ができます．詳しくは本書巻末（103ページ）をご参照ください．

　本書をご愛読いただき，小型ブレッドボードを使った電子工作を楽しまれる愛好家が，一人でも増えることを願っております．

　刊行にあたり，サンハヤト（株）ブレッドボード愛好会の古屋義久氏，光野武志氏，本城敏也氏，また東京電機大学出版局の江頭勝己氏には大変お世話になりました．お力添えをいただいた多くの皆様にお礼を申し上げます．

2017年6月

著者しるす

目 次

《基礎編》

電子工作の基礎知識 …………………………………… 2
よく使われる電子部品 …………………………………… 2
- ■ブレッドボード ………………………………………… 2
- ■抵抗 ……………………………………………………… 4
- ■可変抵抗と半固定抵抗 ………………………………… 5
- ■コンデンサ ……………………………………………… 6
- ■ダイオード ……………………………………………… 8
- ■発光ダイオード ………………………………………… 9
- ■トランジスタ …………………………………………… 9
- ■IC ……………………………………………………… 10
- ■スピーカ ……………………………………………… 11
- ■スイッチ ……………………………………………… 14
- ■マイク ………………………………………………… 15
- ■バッテリー（電池） …………………………………… 16

代表的な部品の図記号 ………………………………… 19
電子工作に便利な工具 ………………………………… 20
- ■ドライバー …………………………………………… 20
- ■ラジオペンチ ………………………………………… 21
- ■ピンセット …………………………………………… 21
- ■ニッパー ……………………………………………… 21
- ■ハンダコテ …………………………………………… 22
- ■はんだ ………………………………………………… 23

《製作編》

1　ウインクわんちゃん
　　（トランジスタ式マルチバイブレータ）………… 26
- ■トランジスタ式マルチバイブレータについて ……… 27
- ■トランジスタ式マルチバイブレータの動作 ………… 27
- ■製作 …………………………………………………… 28
- ■部品の実装 …………………………………………… 28
- ■トランジスタ式マルチバイブレータの使い方 ……… 30

2 電気が通るか試してみよう
（トランジスタ式導通テスター） …………… 32
- ■弛張発振回路について ………………………………… 33
- ■弛張発振回路の動作 …………………………………… 33
- ■製作 ……………………………………………………… 34
- ■部品の実装 ……………………………………………… 35
- ■トランジスタ式導通テスターの使い方 ……………… 35

3 電子楽器（エレキギター風）…………… 37
- ■電子楽器の回路について ……………………………… 38
- ■製作 ……………………………………………………… 38
- ■部品の実装 ……………………………………………… 39
- ■電子楽器の使い方 ……………………………………… 41

4 ビュンビュン警報ブザー
（トランジスタ式発振器）……………………… 43
- ■ビュンビュン警報ブザーについて …………………… 44
- ■製作 ……………………………………………………… 44
- ■部品の実装 ……………………………………………… 45
- ■ビュンビュン警報ブザーの使い方 …………………… 45

5 電子ホタル（トランジスタ式充放電回路）… 47
- ■電子ホタルについて …………………………………… 47
- ■LED発光の動作 ………………………………………… 48
- ■製作 ……………………………………………………… 49
- ■部品の実装 ……………………………………………… 50
- ■電子ホタルの使い方 …………………………………… 52

6 小鳥のさえずり器
（トランジスタ式充放電発振器）……………… 54
- ■小鳥のさえずり器について …………………………… 54
- ■製作 ……………………………………………………… 55
- ■部品の実装 ……………………………………………… 56
- ■小鳥のさえずり器の使い方 …………………………… 58

7 サウンドセンサーアラーム
（トランジスタ式音センサー）………………… 60
- ■サウンドセンサーアラームについて ………………… 61
- ■サウンドセンサーアラームの回路について ………… 61
- ■製作 ……………………………………………………… 62
- ■部品の実装 ……………………………………………… 63
- ■サウンドセンサーアラームの使い方 ………………… 64

8 キッチンタイマー
（トランジスタ式タイマー）…………………… 66
- ■タイマーの基本 ……………………………………… 67
- ■製作 …………………………………………………… 69
- ■部品の実装 …………………………………………… 71
- ■キッチンタイマーの使い方 ………………………… 72

9 接触型電子ブザー
（IC555 タッチセンサー）…………………… 73
- ■タイマー IC555 について …………………………… 73
- ■製作 …………………………………………………… 76
- ■部品の実装 …………………………………………… 77
- ■接触型電子ブザーの使い方 ………………………… 78

10 電子オルガン ………………………………… 79
- ■電子オルガンについて ……………………………… 80
- ■製作（5音階の電子オルガン）……………………… 81
- ■部品の実装 …………………………………………… 82
- ■5音階の電子オルガンの使い方 …………………… 84
- ■15音階の電子オルガンへ拡張 ……………………… 84
- ■15音階の電子オルガンの使い方 …………………… 87

11 スイッチ式電子ブザー ……………………… 88
- ■トグルスイッチについて …………………………… 89
- ■トグルを実現する JK フリップフロップ回路 …… 89
- ■JK フリップフロップ回路によるトグルスイッチの実現 … 90
- ■JK フリップフロップ回路のトグルスイッチ動作の想定 … 91
- ■製作 …………………………………………………… 91
- ■部品の実装 …………………………………………… 92
- ■スイッチ式電子ブザーの使い方 …………………… 93

12 踏切警報機
（JK フリップフロップ応用回路）…………… 94
- ■JK フリップフロップ応用回路について ………… 95
- ■製作 …………………………………………………… 97
- ■部品の実装 …………………………………………… 98
- ■光と音の複合回路（踏切警報機）の使い方 ………100

●付録 ………………………………………………… 101
- ■部品の入手先について ………………………………101
- ■カラーの展開図・写真のダウンロード ……………101
- ■イラストの入手方法について ………………………102

●索引 ………………………………………………… 104

基礎編

電子工作の基礎知識
よく使われる電子部品
代表的な部品の図記号
電子工作に便利な工具

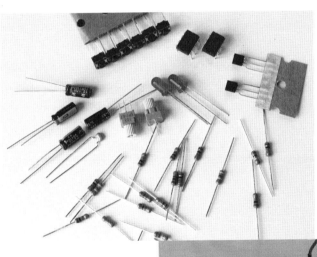

電子工作の基礎知識

よく使われる電子部品

電子工作でよく使用される部品（パーツ）としてあげられるのが，抵抗※，コンデンサ※，ダイオード※，トランジスタ※，乾電池などです。

本書では，基本的に部品類ははんだ付け作業をせずに組み上げられるようにブレッドボード（breadboard）を使います。そして，このブレッドボードに挿し込んだ部品は配線専用のジャンプワイヤー※という電線（リード線）を使ってつなぎます。

■ ブレッドボード

電子工作をするときにはんだ付け作業をしない方法として，ブレッドボードの利用があります。部品やジャンプワイヤーをブレッドボードに挿し込むだけで回路を作れるので，あとからの回路変更も簡単です。また，これらの部品やジャンプワイヤーは，取り付け・取り外しが何度で

※抵抗：電流の流れを妨げる部品。高い電圧を低い電圧にする場合などにも使う。

※コンデンサ：電気を蓄積したり，交流だけ通したりする部品。

※ダイオード：プラスの電流だけ通すもの，発光するもの，電圧を一定に保つものなどがある。

※トランジスタ：増幅やON/OFFなどができる電子回路の要になる部品。

※ジャンプワイヤー：ブレッドボード用の配線専用のビニール被覆電線。

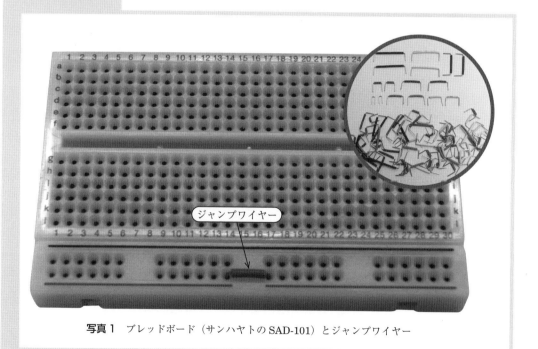

写真1 ブレッドボード（サンハヤトのSAD-101）とジャンプワイヤー

もできるので経済的です。小型のブレッドボードとジャンプワイヤーの例を写真1に示します。なお，本書で製作する作品は，すべてこの写真のサンハヤト※のブレッドボード「SAD-101」を使用しています。

※サンハヤト株式会社

- **ブレッドボードの使用方法**

本書で製作する作品は，サンハヤトよりキット化されています。そのため，このキットを利用すると，作品を応用して拡張する際は，ほかに用意する部品を集めるだけで済みます。

ブレッドボードにたくさんある挿し込み穴の内部には，部品やジャンプワイヤーの足を受け止める金属板のバネが内蔵されています。そこへ部品のリード線などが挿し込まれて金属板に挟まれることで結線できるようになっています。また，ブレッドボード上の1，2，3，…，30の列ごとのa〜f，およびg〜lは，それぞれ内部でつながっているので，同じ列に部品を挿すと結線ができる仕組みになっています（a〜fとg〜lのグループは別々なので接続されていない）。

図1に部品やジャンプワイヤーを挿し込む方法と，挿し込む部品の加工方法を示します。なお，LEDはリード線を切ってしまうとA（アノード）とK（カソード）がわからなくなってしまうので，あとでわかるように印を油性ペンで付けておくとよいでしょう。

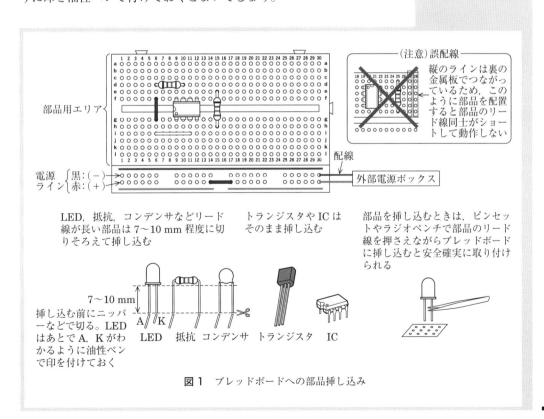

図1　ブレッドボードへの部品挿し込み

■ 抵抗

• 数値と表示方法

抵抗※は回路に流れる電流を妨げることで制御するために使う部品です（写真2）。略記号は Resistor（レジスタ）の頭文字で表され R と書きます。電子工作では，カーボン（炭素皮膜）抵抗※を多く使用します。抵抗の図記号を図2に示します。

※部品としては抵抗器。器を略して抵抗と呼ばれることが多い。

※炭素（鉛筆の芯と似たような素材）で構成されている。鉛筆の芯をテスターで測ると導通していることがわかる（抵抗を持ってる）。

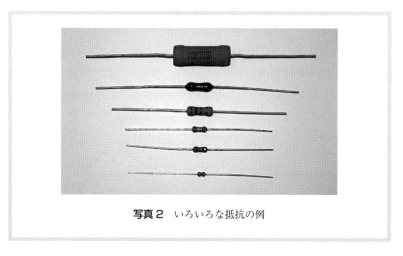

写真2 いろいろな抵抗の例

図2 抵抗の図記号

• 抵抗の単位

抵抗の大きさは抵抗値で表します。単位は Ω（オーム）が使われ，その数値が大きいほど電流を通しにくくなります。抵抗値が大きい場合には，kΩ（キロオーム）や MΩ（メガオーム）を使います。k（キロ）は 1,000（1×10^3），M（メガ）は 1,000,000（1×10^6）を表す単位として，例えば，3,000 Ω は 3 kΩ のように使われます。また，1 MΩ は 1,000,000 Ω（= 1,000 × 1,000）なので 1,000 kΩ とも表せます。

• 抵抗値を示すカラーコード

カーボン抵抗などの小型の抵抗には，抵抗値を印刷するスペースがないため，色帯※を使って抵抗値が表示されています。これをカラーコード（色符号）といい，このカラーコードの構成と読み方を図3に示します。表1のように色と数値を語呂合わせで覚えておくと便利です。なお，抵抗には極性や端子名などはありません。

※色帯は4本または5本のものがある。本書では一般的な4本のものを使っている。

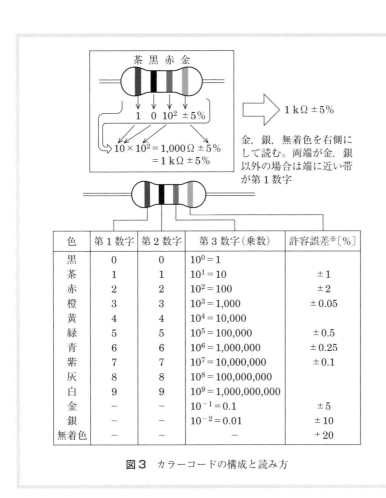

図3 カラーコードの構成と読み方

表1 数値と色の覚え方

数値	色	覚え方
0	黒	黒い礼[0]服
1	茶	茶わん[1]
2	赤	赤いに[2]んじん
3	橙	だいだいみ[3]かん
4	黄	四[4]季[黄]
5	緑	みどり児[5]
6	青	青ム[6]シ
7	紫	紫式[7]部
8	灰	ハイヤ[8]ー
9	白	白ク[9]マ

■ 可変抵抗と半固定抵抗

　抵抗値を連続して変えられる抵抗のことを可変抵抗（ボリューム）といいます。可変抵抗には，軸（シャフト）やレバーが付いており，これを回したり，動かして抵抗値を変えることができます。

　抵抗を一度調整してセットしたあと，あまり変える必要がない回路で

使う場合には半固定抵抗という部品を使います。半固定抵抗はネジを回すドライバーで軸を回転させて抵抗値を調整します。可変抵抗の例を写真3に，それぞれの図記号を図4に示します。

写真3 可変抵抗の例

図4 可変抵抗と半固定抵抗の図記号

■ コンデンサ

● コンデンサの容量単位と表示方法

コンデンサは，向かい合った2枚の金属板の間に絶縁物（電気を通さないもの）を挟んだ部品で電気を蓄えたり，また交流を通すなどの働きがあります。いろいろなコンデンサの例を写真4に，その図記号を図5に示します。

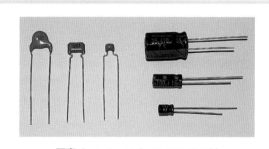

写真4 いろいろなコンデンサの例

図5 コンデンサの図記号

コンデンサの略記号は，英語ではCapacitor（キャパシタ）であり，その頭文字をとってCと書きます。コンデンサに蓄えることができる電荷※の量を容量（静電容量）といい，F（ファラド）という単位で表します。電子工作でのコンデンサは，小さい値のμF（10^{-6}F）やpF（10^{-12}F）またはnF（10^{-9}F）の単位※のものをよく使います。

※電気と表現されることもある。

※μ（マイクロ）は0.000001＝10^{-6}，p（ピコ）は0.000000000001＝10^{-12}を意味する。n（ナノ）は0.000000001＝10^{-9}。

- コンデンサの容量表示

抵抗値をカラーコードで表示するように，小型のコンデンサは3桁の数字で簡略化して容量を表しているものもあります。この場合は，図6のような方法で容量を読み取ります。

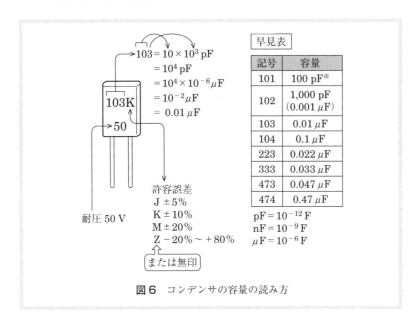

※100pF未満は，そのまま数字が書かれている。
〔例〕47pF→47
　　　5pF→5

図6　コンデンサの容量の読み方

- コンデンサの種類

よく使用されるコンデンサは，マイラコンデンサ※，セラミックコンデンサ，電解コンデンサです。この3種類の中では，誘電率が高いセラミックを用いたセラミックコンデンサが最も安価で幅広い用途に使えます。

マイラコンデンサは，電気的特性が安定していますが，セラミックコンデンサより少し高価です。電解コンデンサは，化学変化を利用したコンデンサで，ほかのコンデンサに比べて多く（大容量）の電荷を蓄えられます。なお，電解コンデンサには，＋と－の極性があるのでリード線を挿し込むときには注意が必要です。電解コンデンサの図記号と極性の表示例を図7に示します。また，電解コンデンサには湿式と乾式があり，古い電解コンデンサは湿式のものが多く，約5年で容量が半分以下になってしまいます。

※マイラフィルム（ポリエステル）を誘電体に使用したコンデンサ。

基礎編

電子工作の基礎知識

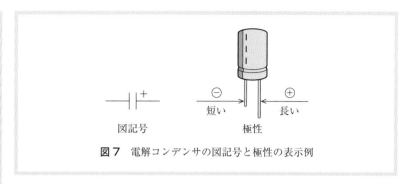

図7 電解コンデンサの図記号と極性の表示例

■ ダイオード

　自然界には，鉄のように電気を通す物質の導体と，ガラスのように電気を通さない物質の絶縁体があります。ところがダイオードは，この中間の性質を持つ半導体の素子に分類され，いろいろな種類があります。ダイオードの例を写真5に示します。

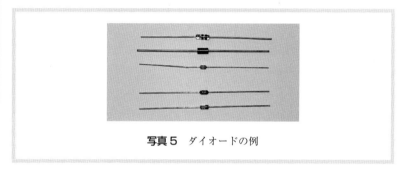

写真5 ダイオードの例

　ダイオードは，電気をある一方向だけに通す性質があるので極性があります。図記号は矢印に似た形をしていて，矢印の方向A（アノード）→K（カソード）と呼び，この方向へだけ電気を通すことを表します。図記号とその方向のマーク（印）を図8に示します。略記号はDiode（ダイオード）の頭文字でDと書きます。

• 注意

　ダイオードには極性があるので，取り付ける方向に注意しなければなりません。反対に接続すると動作しないばかりでなく，ダイオードそのものを破壊してしまう場合があるので極性には十分注意しましょう。

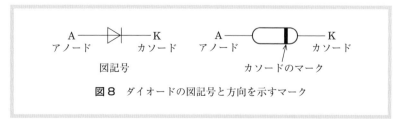

図8 ダイオードの図記号と方向を示すマーク

■ 発光ダイオード

　ダイオードの変わり種として，発光ダイオード（以下LED※）があり（写真6），その内部構成は，シリコンにリンやガリウム，ヒ素などをしみ込ませて作ったダイオードで，赤，黄，緑，青，白などの色に発光します。LEDはアノードとカソードを逆に取り付けると，電気が流れず光りませんので注意が必要です。LEDには大小形状の違う種類が豊富にありますが，本書の製作で使うLEDの図記号と外形を図9に示します。

　LEDは寿命が長く少ない電流で点灯するので重宝され，電球サイズのものは照明などに広く使用されています。

※LED：Light Emitting Diode

写真6 LEDの例

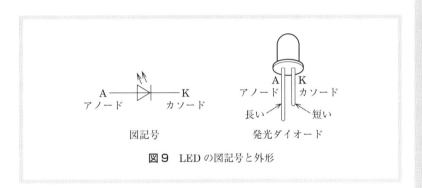

図9 LEDの図記号と外形

■ トランジスタ

　トランジスタは，3本のリード線（足）を持った半導体素子で，電気を増幅したり，電流の流れをON/OFFしたりするなどの働きがあります。略記号は名称のTransistor（トランジスタ）からTrと書きます。電気の流れる方向によってNPN形とPNP形の2種類があり，図10のように図記号が異なります。図10の右側のトランジスタは一般的なものの外形例です。3本のリード線は，それぞれエミッタ（E），コレクタ（C），ベース（B）という名称があり，取り付ける方向に注意します。トランジスタの例を写真7に示します。

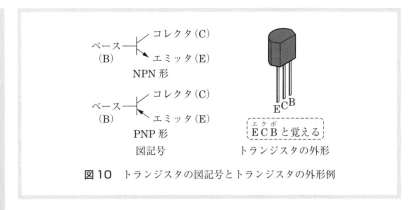

図10 トランジスタの図記号とトランジスタの外形例

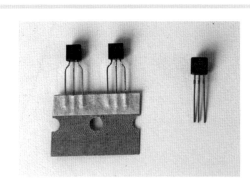

写真7 一般的なトランジスタの例（紙テープに止められていることもあるので使うときははずす）

■ IC

トランジスタ，ダイオード，抵抗など数多くの素子を組み合わせた回路を小さく一つのケース※にまとめた電子部品がIC※（集積回路）です。その外形を写真8に示します。このICには配線を間違えないように図11のようにピン番号の1番を示すマーク（へこみなど）が付いています。

※一般的には樹脂やセラミックのパッケージ。

※ IC : Integrated Circuit

写真8 ICの外形

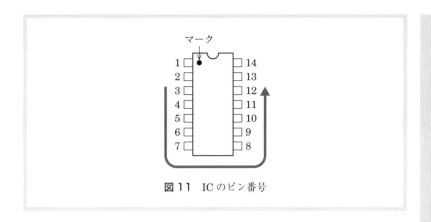

図11　ICのピン番号

　数mm～数cm四方の小さなICの中には，100～100万個もの電子部品が集積されています。ICはその用途で大きく二つに分けられ，例えば，アンプやチューナなどに使うリニアIC（アナログIC），そして電卓やコンピュータなどに使うデジタルICと呼ばれるものが使用されています。

- 注意

　ICのピン（端子）は取り付けるピン番号が決まっているので，取り付ける方向を間違えると故障の原因になります。IC表面（型番や製造メーカー名が印刷してある側）のへこみや切り欠きなどのマークをよく見て取り付ける方向を確かめます。本書の製作ではICのはんだ付けはありませんが，ICは熱に弱いので，どうしてもはんだ付けするときは特に取り扱いに注意してハンダコテの先を長い時間あてない※ようにしましょう。

※はんだ付けは1か所あたり3秒程度で行う。

■ スピーカ
- スピーカ（ダイナミックスピーカ）

　スピーカは，トランジスタなどで増幅した音声や音楽などの低周波信号を加えることにより，元の音声や音楽を再生して聞けるようにします。
　一般的なスピーカ（ダイナミックスピーカ）の基本構造を図12に示します。永久磁石の中にコイル（導線を巻いたもの）を自由に動く（図中の左右方向）ように設け，このコイルに振動を伝えるラッパ型のコーン紙が付いています。本書の製作で使用するスピーカの外観を写真9に示します。
　スピーカの動作は，コイルに低周波信号を与えると電磁誘導でコイルから磁力が発生し，その発生した磁力と永久磁石が反発または引き合うことにより振動が起こります。この振動をコーン紙に伝えることで空気

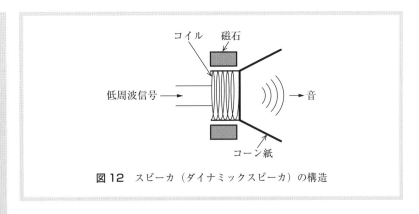

図12 スピーカ（ダイナミックスピーカ）の構造

写真9 スピーカの外観

を振動させて音になります。スピーカは扱う音のレベルによっていろいろな大きさのものがあります。

• 圧電スピーカ

圧電スピーカは，電圧を与えると変形する圧電素子を用いたものです。圧電素子は，金属板にセラミックスが取り付けられた素子です。金属板とセラミックスの間に電圧を与えることで双方が伸縮し，伸縮の差で圧電素子全体がたわみます。したがって，この素子に低周波信号を与えると信号に応じてたわんで振動します。この動作によってダイナミックスピーカと同じように使用することができます。また，この圧電素子をケースに取り付けることでケースを共鳴させて振動音を拡大できます。

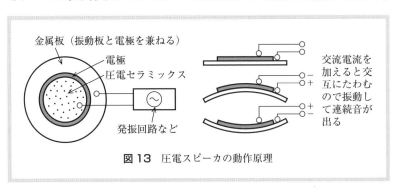

図13 圧電スピーカの動作原理

圧電スピーカは，大きなスピーカを取り付けることができないスマートフォンなどによく使われています．原理図を図13に，本書で使用する圧電スピーカの外観を写真10に示します．

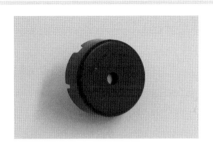

写真10 圧電スピーカの外観

● 電子ブザー

電子ブザー（写真11）には，圧電素子や電磁回路を使って音を出すものが多く製品化されています．工作に使用するときは，ブザーの定格（電圧，発振周波数など）を確認して好きな音が出るものを選ぶとよいでしょう．

本書で使用する電子ブザーの内部は図14に示すような構造になっています．電子ブザー内部の磁石を付けた振動板の下にコイルが設けられていて，電圧を加えると振動板はコイルに引き付けられて音を発生します．このようにダイナミックスピーカと同じような原理で音が出るのですが，トランジスタとダイオードを使った発振回路を持っていて，それによって振動板が振動する仕組みで音が出力されます．その発振周波数は約2.3 kHzで，高音のピーという音が鳴ります．また振動板とコイルの間には接点がないため雑音が発生しません．なお，電子工作でよく使われる電子ブザーの動作電圧は4～6.5 Vのものが多いようです．

写真11 電子ブザーの外観

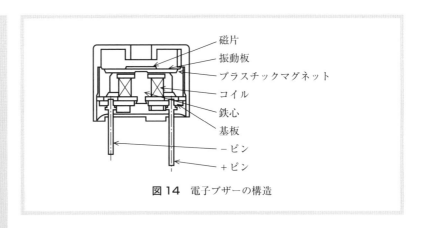

図14　電子ブザーの構造

■ スイッチ

• タクトスイッチ

　ブレッドボードに挿し込んで使える「押しボタンスイッチ」で，図15に構造を示します。プラスチック製のプッシュ板（ボタン）を押すと可動接点と固定接点が接触し導通します。離すとフィルムのスプリング力で接点が離れて切断されます。本書で使用するタクトスイッチの外観を写真12に示します。

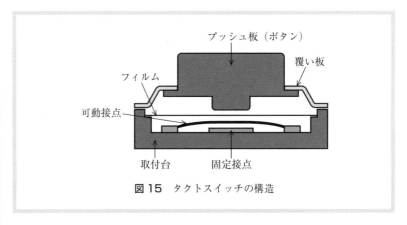

図15　タクトスイッチの構造

写真12　タクトスイッチの外観

- スライドスイッチ

　スライドスイッチは，つまみを左右に移動することによってON/OFFしたり，複数の回路を切り替えたりする場合に使用します。その構造を図16に示します。つまみに付いている金属の摺動板（しゅうどうばん）を接点の上で移動することにより回路を切り替えます。本書で使用するスライドスイッチ（写真13）は，一つの端子を2回路に切り替えられる構造で，単極双投と呼ばれるものです。

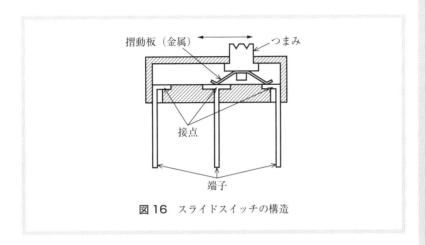

図16　スライドスイッチの構造

写真13　スライドスイッチの外観

■ マイク

- コンデンサマイク

　金属薄膜，または金属膜を貼り付けたプラスチックフィルムを平行に近接して配置するとコンデンサになります。これが振動すると電極間の距離が変わるため，振動の元となる音（音声など）に比例して静電容量が変化します。抵抗を介して電極間に直流電圧を加えると，静電容量の変化を音に比例した電圧の変化に変換することができます。構造的にコンデンサと同じ原理を利用しているためコンデンサマイクと呼ばれています。この構造を図17に，また本書で使用するコンデンサマイクの外観を写真14に示します。

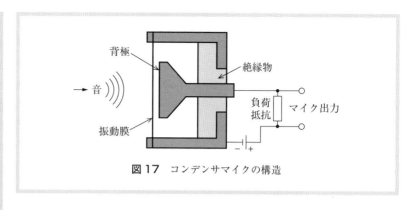

図17　コンデンサマイクの構造

写真14　コンデンサマイクの外観

■ バッテリー（電池）

　電子回路を動作させるには，電源が必要ですが，簡単な電源として電池があげられます。電池には充電できないものと，充電できるものがあります。充電ができない電池を「一次電池」，充電ができる電池を「二次電池」と呼びます。

　「一次電池」としては「マンガン乾電池」，「アルカリ乾電池」が一般的です。電池には単4形，単3形，単2形，単1形などのサイズが用意されています。サイズの一番大きい単1形は，容量が大きいので寿命は長くなります。使いやすいサイズとして，単3形がよく使われています。電池1本あたりの電圧は1.5Vです。100円ショップやコンビニエンスストア，スーパーマーケットなどで購入できます。

　「二次電池」としては「ニッケル水素電池」が大多数を占めています。また「一次電池」と同じサイズのものが専用充電器とともに販売されています。なお，ニッケル水素電池の電圧は1.2Vで乾電池よりも0.3V低くなっています。これらは電器店などで購入でき，単3形と単4形のものをよく見かけます。原則として乾電池と同様に使うことが可能です。ただし，電圧が少し低いことを理解しておいてください。

● マンガン乾電池

　長い歴史がある安価な乾電池で，寿命がアルカリ乾電池より短くなります。その構造を図18に示します。プラス電極に炭素棒，マイナス電極が亜鉛筒，その中に電解液（塩化亜鉛や塩化アンモニウムの水溶液）をペースト状にして収めたものです。

図18　マンガン乾電池の構造

● アルカリ乾電池

　マンガン乾電池と比べて電気の容量が多いので，寿命が長いという利点があり，一般的に乾電池というとアルカリ乾電池が多いようです。構造は，プラス極に二酸化マンガンと黒鉛の粉末，マイナス極に亜鉛，水酸化カリウムの電解液に塩化亜鉛などが用いられています。正式名称はアルカリマンガン乾電池です。

　アルカリ乾電池は電解液が水溶液であるため，使用していなくても亜鉛の自己放電と水素発生反応が同時に進行するので電圧が減っていきます。その構造を図19に示します。

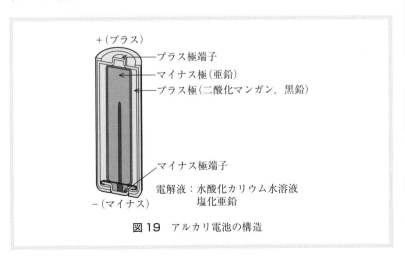

図19　アルカリ電池の構造

●ニッケル水素電池

　ニッケル水素電池は，プラス極にニッケル板，マイナス極に金属水素化物などと電解液（水酸化カリウム水溶液）をセパレータで仕切り，サンドイッチ状にして電極を取り出しています。以前によく使用されていたニッケルカドミウム蓄電池（ニカド電池）よりも，電気の容量が多く，低温・高温環境における使用性能も向上しています。ニッケル水素電池の構造を図20に，充電器を含めたニッケル水素電池の例を写真15に示します。

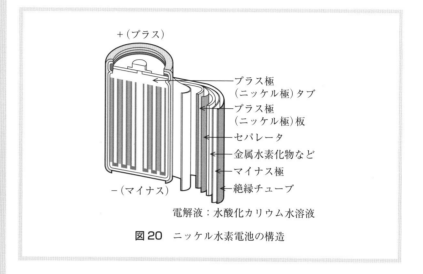

図20　ニッケル水素電池の構造

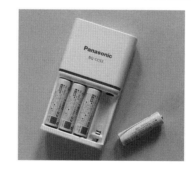

写真15　ニッケル水素電池の外観（充電器付き）

代表的な部品の図記号

電子工作でよく使われる代表的な部品の図記号を表2にまとめましたので，参考にしてください。

表2　代表的な部品の図記号

名　称	図記号	備　考
アンテナ		
アース（接地）	① ② ③	①：大地アース ②：シャーシアース ③：信号グラウンド
配線	① ②	①：交差状態 ②：接続状態
抵抗器		
可変抵抗器	① ②	①：可変抵抗 ②：半固定可変抵抗
コイル	① ②	①：空心コイル ②：コア入りコイル
変圧器（トランス）	① ② ③	①：変圧器 ②：可変変圧器 ③：鉄心入り変圧器
コンデンサ	① ②	①：コンデンサ ②：電解コンデンサ
バリコン（可変コンデンサ）	① ②	①：可変コンデンサ ②：半固定可変コンデンサ
ダイオード	① ② ③	①：ダイオード ②：LED（発光ダイオード） ③：フォトダイオード
トランジスタ	① ② ③ ④	①：PNP形トランジスタ ②：NPN形トランジスタ ③：PチャネルMOS FET ④：NチャネルMOS FET
スピーカ		スピーカ，圧電スピーカ，サウンド（ブザー）による区分はない
イヤホン		
電源	① ②	①：直流電源 ②：交流電源
スイッチ※	① ②	①：プッシュスイッチ ②：スライドスイッチ
ヒューズ		規定以上の電流が流れたとき，回路を遮断し，回路を保護する
計器	① ②	①：電圧計 ②：電流計
マイク	① ②	①：マイク，圧電スピーカ ②：コンデンサマイク

※図記号がわかりにくいので本書ではスイッチを旧JIS表記にしてある。

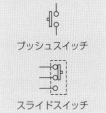

プッシュスイッチ

スライドスイッチ

基礎編

電子工作の基礎知識

電子工作に便利な工具

※100円ショップなどで入手できるものでも十分に使える。

ブレッドボードを使った電子工作でよく使われる工具※の例を写真16に示します。ハンダコテは本書の基本的な作品の製作では使いませんが，ここで製作したものを別の所へ応用するときなどには配線用として使うことになります。

なお，紙などを切る際にはカッター（またはハサミ）を使います。

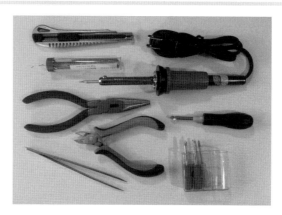

写真16 電子工作でよく使われる工具の例
（本書のブレッドボードの製作でははんだ，ハンダコテは使わない）

■ ドライバー

電子工作ではマイナスドライバーとプラスドライバーを使いますが（写真17），小型と中型のものを用意するとよいでしょう。小型のドライバーはボリュームつまみなどの取り付けネジの締め付けに（マイナスで先端1〜2mm程度），中型のドライバーは3mmネジの締め付けな

写真17 ドライバーセットの例

どに使えます。いろいろな形状の先端のものを組み合わせたドライバーセットが市販されているのでそれを用いると便利です。

■ ラジオペンチ

ものを挟む機能と切断する機能があります（写真18）。また，先端が細くなっているので，部品を挟んで保持するなどの作業にも使えるほか，ネジにナットを取り付けるときに，ナットを押さえてカラ回りを防いだり，配線用の線材を切断したり曲げたりするときにも役立ちます。ただし，硬い材質のものを無理に切断したり，曲げたりしようとすると破損するので注意しましょう。

写真18 ラジオペンチの例

■ ピンセット

ラジオペンチと同じようにもの（主に小さい部品）を挟む工具として使います（写真19）。ピンセットにも種類があり，挟む部分が柔らかなものよりもしっかりしたもの※が使いやすいでしょう。

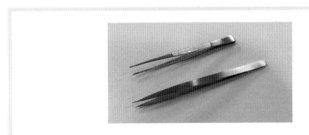

写真19 ピンセットの例

※ステンレスや鉄製，アルミ製などがあるが，鉄製は磁性すると小さい部品を扱いづらくなるので，非磁性のタイプ（チタン製，セラミック製，竹製など）もある。

■ ニッパー

部品のリード線や配線用線材を切断する工具です（写真20）。ニッパーはラジオペンチより鋭い刃先構造なのでよく切れます。しかし，硬銅線やピアノ線などの硬いものを切断すると，刃先が傷むのでそれらの切断は避けましょう。

写真20 ニッパーの例

■ ハンダコテ

電線や電子部品の接続は，はんだを用いて固着（はんだ付けという）させますが，そのはんだを溶かすのが電気式のハンダコテ※です（写真21）。本書の製作では，ブレッドボードを利用した配線が主体なので原則としてハンダコテは使いませんが，作品を応用する際に活用することもあるかもしれません。

電気式のハンダコテは，発熱部に使われているヒーター容量（W：ワット）によっていろいろなコテが市販されています。ヒーター容量が20 Wや30 W程度のものを用意すると，トランジスタやICなどのはんだ付け用としても幅広く使用できます。

ハンダコテのコテ先は，耐食処理が施されているので，絶対にヤスリなどで削ってはいけません。汚れた場合は濡らした布やスポンジにコテ先をこすりつけてきれいにします。はんだ付けの手順を図21に示しますので，参考にしてください。

※電子工作で使うのは一般的に電気ヒーターを使ったもの。

写真21 電気式のハンダコテの例

①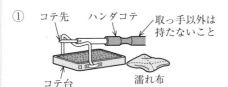

・ハンダコテのACプラグをコンセントに接続します。
・コテ先は高温になるので，手元に置くときは必ずコテ台を利用してください。
・数分後にコテ先が十分に加熱されたら，水で湿らせた布などにコテ先をこすり付けてきれいにします。

②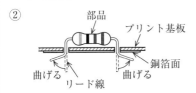

・基板の穴に部品を挿し込みます。
・抵抗などは基板を裏返したときに抜けないようにリード線(足)を少し曲げておきます。

③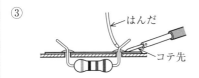

・コテ先をはんだ付けする部分にあてます。
・1秒ほど経ってからはんだを接触させます。

④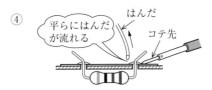

・はんだが溶けリード線と基板の銅箔面に流れます。
・はんだが少し盛り上がったらはんだを離します。

⑤

・コテ先はそのまま2秒ほどあてておきます。
・はんだが十分溶けたことを確認してからコテ先を離します。
・熱が足りないとはんだが玉のようになり，はんだ付け不良の原因になります。このときは必ずやり直しましょう。
・熱に弱い部品を取り付けるときは，できるだけ短時間で作業します。

⑥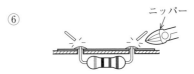

・余分なリード線を切り落とします。
・ICなど足(リード線)が短い部品はそのままにしておきます。

図21 はんだ付けの手順（プリント基板使用時）

■ はんだ

電子工作で使用するはんだ（写真22）は，ヤニ（フラックス）入りの糸はんだと呼ばれる細長い（直径0.6～1mm程度）のものがよいでしょう。

最近では，RoHS対応（環境対応）ということで，鉛フリー（Pb free）のものもよく使われています。

写真22 はんだの例

製作編

1. ウインクわんちゃん
   （トランジスタ式マルチバイブレータ）
2. 電気が通るか試してみよう
   （トランジスタ式導通テスター）
3. 電子楽器（エレキギター風）
4. ビュンビュン警報ブザー（トランジスタ式発振器）
5. 電子ホタル（トランジスタ式充放電回路）
6. 小鳥のさえずり器（トランジスタ式充放電発振器）
7. サウンドセンサーアラーム
   （トランジスタ式音センサー）
8. キッチンタイマー（トランジスタ式タイマー）
9. 接触型電子ブザー（IC555タッチセンサー）
10. 電子オルガン
11. スイッチ式電子ブザー
12. 踏切警報機（JKフリップフロップ応用回路）

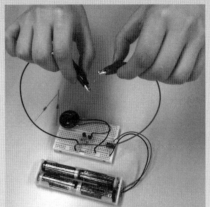

　製作編では，電子回路の動作原理を理解しながら製作できるように説明しています。さらに，作品の一部においては，応用としてディスプレイするためのアイデアも紹介していますので，参考にしてください。

　また，製作編の作品すべてを製作できるキットは，サンハヤト（株）のホームページでご購入いただけます。

　部品を組み込んだ実体配線図および完成写真，そして動作状況がわかる動画を東京電機大学出版局のホームページに公開していますので，ぜひご覧ください。

◇サンハヤト株式会社　http://www.sunhayato.co.jp/
◇東京電機大学出版局　http://www.tdupress.jp/

1 ウインクわんちゃん
（トランジスタ式マルチバイブレータ）

トランジスタを2個使用して，交互に動作をする回路はマルチバイブレータ※（発振器の一種）と呼ばれます。回路の様子がわかりやすく，光の点滅や音の発生に使えます。

ここで紹介するウインクわんちゃん（トランジスタ式マルチバイブレータ）の回路では，光の点滅の光源としてLEDを使用したものを製作します（写真1.1）。なお，二つあるLEDのうち片側のLEDとそのカソード側の抵抗の代わりに，電子ブザーを接続すると，発光の次に音を鳴らす「光と音を鳴らす」ものを作ることができます。

※ multivibrator：発振，タイマー，フリップフロップなどの回路がある。

写真1.1 LEDの目が点滅するウインクわんちゃん

■ トランジスタ式マルチバイブレータについて

　2個のトランジスタを使って交互にON/OFFさせる発振器をマルチバイブレータと呼びます。トランジスタを使った基本的なマルチバイブレータの回路を図1.1に示します。NPN形トランジスタ2個を組み合わせたマルチバイブレータの回路は，それぞれのトランジスタが交互に動作を行わせて発振させるので，電子楽器の音源のほか，2個のランプを交互に点灯（片方が点灯するともう片方は消灯）させる回路としてもよく使用されます。

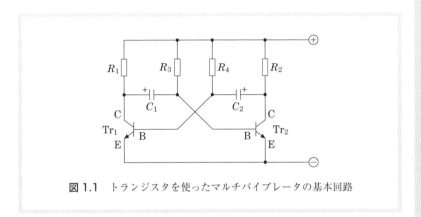

図1.1　トランジスタを使ったマルチバイブレータの基本回路

■ トランジスタ式マルチバイブレータの動作

　図1.1のトランジスタTr_1がまずはじめに動作をして，R_1を通ってコレクタ（C）へ電流が流れて導通状態になっているとします。するとコンデンサC_1によってベース（B）にはマイナスの電圧が加わるのでトランジスタTr_2は非導通状態となります。

　このとき，コンデンサC_1は抵抗R_3を通じて電源電圧に向かって充電していくので，トランジスタTr_2のベース電圧は上昇していきます。そしてトランジスタTr_2のベース電圧が0.7V付近になると，トランジスタTr_2は導通状態となり，今度はコンデンサC_2を通じてトランジスタTr_1が非導通状態になります（ベースにはマイナスの電圧が加わる）。

　次に，抵抗R_4を通じてコンデンサC_2が充電状態となり，トランジスタTr_1が導通状態になり，逆にトランジスタTr_2が非導通状態となります。したがって，トランジスタTr_1とトランジスタTr_2が交互に導通と非導通を繰り返すわけです。

　この回路でコンデンサC_1，C_2の値をいろいろ変えると，交互の切り替え速度が変わります。コンデンサの容量を大きくすれば低速に，また小さくすれば高速になります。あまり速くすると，点滅※の変化がハッキリしなくなり，2個のLEDが点灯したままのように見えてしまいま

※交互に点灯すると点滅しているように見える。

す。ここで製作するマルチバイブレータは，1.5秒程度のゆっくりした切り替え速度になっています。

■ 製作

マルチバイブレータの回路には，トランジスタ式とデジタルIC式がありますが，ここではトランジスタ式を製作します。

ブレッドボードに部品を配置して，製作するLEDを交互に点灯させるウインクわんちゃん（トランジスタ式マルチバイブレータ）の回路を図1.2に，使用する部品を表1.1に示します。なお，ジャンプワイヤーは，製品のキットに含まれているものや別売りのジャンプワイヤーキットの中から長さの合うものを選んで挿し込みます。

交互切り替えのタイミングを決める抵抗R_3, R_4は15 kΩ※，コンデンサC_1, C_2は100 μF※になっています。

※この値を20〜50%変えると点灯の間隔が変わる。

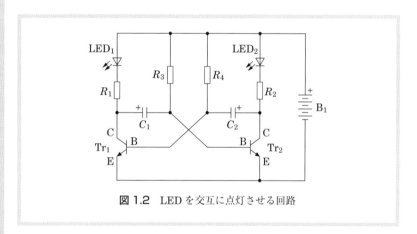

図1.2　LEDを交互に点灯させる回路

表1.1　部品表

部品番号	部品名［表示］	型番・容量など	個数
C_1, C_2	電解コンデンサ	100 μF/16 V	2
LED_1, LED_2	LED（赤　5φ）	SLR-56VR3F	2
R_1, R_2	カーボン抵抗［茶緑茶金］	150 Ω	2
R_3, R_4	カーボン抵抗［茶緑橙金］	15 kΩ	2
Tr_1, Tr_2	トランジスタ（NPN形）	KTC3198（2SC1815）	2
B_1	電池ボックス	単3×4本／ワイヤー付き	1
	ジャンプワイヤー（ミノムシ）	SMP-200	1

■ 部品の実装

小型ブレッドボード（SAD-101）にウインクわんちゃん（トランジスタ式マルチバイブレータ）の部品を組み込んだ実体配線図を図1.3に，完成したブレッドボードを写真1.2に示します。電源は単3乾電池4本

を使用した6Vで，この乾電池はワイヤー付きの電池ボックスに入れて使用します。全体の構成を写真1.3に示します。

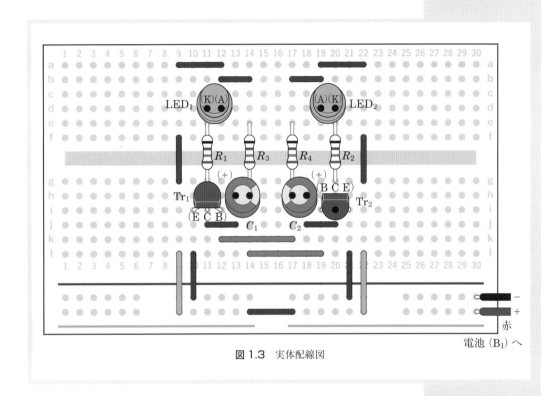

図1.3　実体配線図

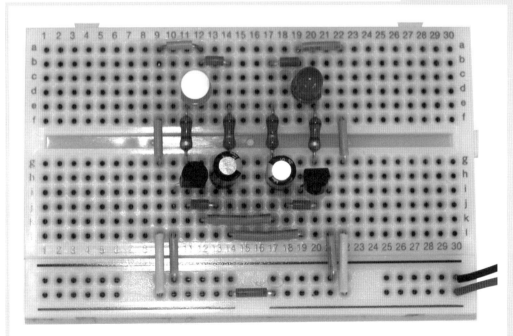

写真1.2　ウインクわんちゃん（トランジスタ式マルチバイブレータ）のブレッドボード（左側のLEDが点灯している瞬間の様子）

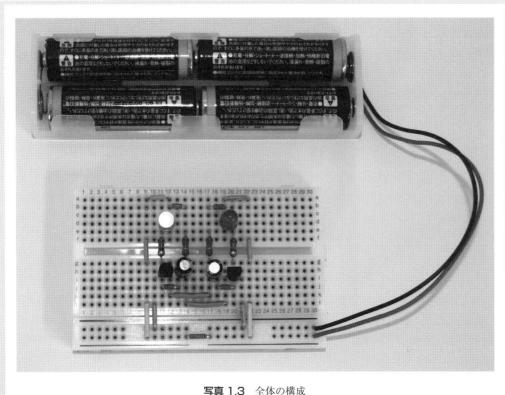

写真 1.3 全体の構成

■ トランジスタ式マルチバイブレータの使い方

応用例として、厚紙工作で作った「ウインクわんちゃん」を紹介します（写真 1.1）。図 1.4 のように加工した厚紙などに犬のイラストを貼り付けます。そして、完成したトランジスタ式マルチバイブレータの LED をブレッドボードから外し、図 1.5 のように LED への配線を長くしたり、ミノムシクリップ付きのジャンプワイヤーを使って延長して犬のイラストの目の部分に挿し込みます。なお、ミノムシクリップで挟むとき

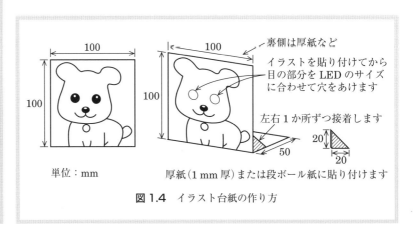

図 1.4 イラスト台紙の作り方

は，ショートしないように紙やテープなどを間に入れるとよいでしょう（写真1.4）。ブレッドボード上の部品の実装では，はんだ付けはありませんが，このように応用する場合は簡単なはんだ付け作業が必要になります。

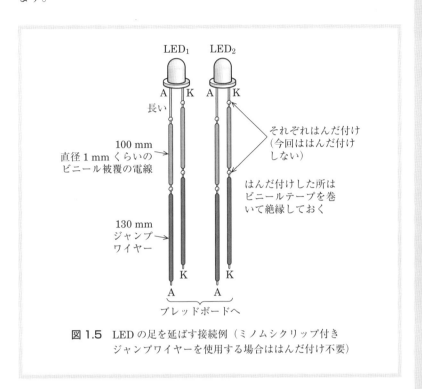

図1.5 LEDの足を延ばす接続例（ミノムシクリップ付きジャンプワイヤーを使用する場合ははんだ付け不要）

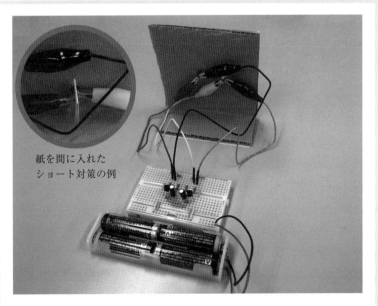

写真1.4 ミノムシクリップ付きのジャンプワイヤーを使った配線の例（ミノムシクリップ同士がショートしないように注意）

2 電気が通るか試してみよう
（トランジスタ式導通テスター）

※電気的にスイッチのON/OFFを制御することで断続した信号を発生する。

※おもちゃのウソ発見器、愛情測定といった遊びに応用されている。

　電気回路において導通があるかをチェックできるトランジスタ式導通テスターの製作です。電気（電流）は金属の導体だけでなく水などにも流れるので，このテスターの二つの端子がそれらに触れるとスピーカが鳴ります。スピーカを鳴らす発振には，弛張発振回路※を使用しています。

　発振回路に使用しているコンデンサや抵抗の値を変えると発振周波数が変わります。いろいろ試してオリジナルの発振音にするのもよいでしょう。

　水気のある所で使用するときは，回路を水で濡らして壊さないようにプラスチックのケースなどに本体を入れてカバーをしましょう。

　テスター端子（ミノムシクリップ付きジャンプワイヤー）を右手と左手の指先でつまむと，指先の湿り（汗）具合で発生音が変わります。人は緊張によって汗を生じることがありますので，これを利用した実験※などに使ってみてはいかがでしょう。写真2.1に全体の構成を示します。

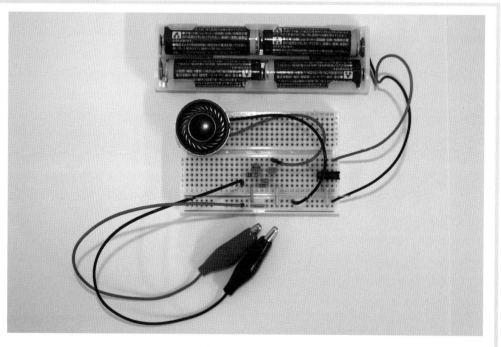

写真2.1　全体の構成

■ 弛張発振回路について

弛張発振回路は，一定周期で繰り返し同じ信号を出力する回路のことです。その発振回路は，トランジスタによって抵抗（R）とコンデンサ（C）を組み合わせた RC 回路を断続的に充放電させて音の元となるパルス波形※を発生させます。その基本回路の例を図2.1に示します。

※矩形のような形を繰り返す信号。

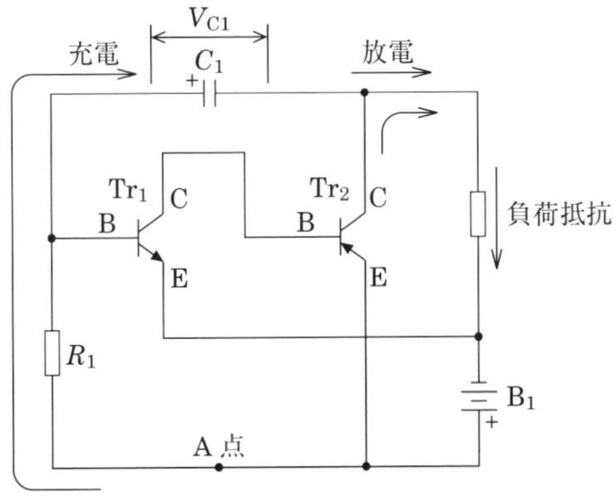

図 2.1 弛張発振の基本回路

■ 弛張発振回路の動作

図 2.1 の回路のように，電流は電源 B_1 から抵抗 R_1 を介してコンデンサ C_1 に流れて充電されます。そして，C_1 の電圧 V_{C1} が約 0.7 V（シリコントランジスタの動作電圧）を超えると，トランジスタ Tr_1（NPN形）が OFF（遮断状態：コレクタとエミッタ間が開放）から ON（導通状態：コレクタとエミッタ間が導通）に変化します。

次に，トランジスタ Tr_2（PNP形）のベースとエミッタ間に電源電圧 B_1 が加わりトランジスタ Tr_2 が ON になり，コレクタとエミッタ間がつながります。このとき，Tr_2 のコレクタとエミッタ間の抵抗は，抵抗 R_1 より小さいので，電源 B_1 から流れる電流はトランジスタ Tr_2 のほうに流れやすくなります。それにしたがって，抵抗 R_1 およびコンデンサ C_1 へ流れる電流は微量になり，コンデンサ C_1 は充電されなくなります。するとコンデンサ C_1 は放電し始めて電圧 V_{C1} が減少します。それによって電圧 V_{C1} が約 0.7 V を下回ると，トランジスタ Tr_1 は OFF になります。その後，トランジスタ Tr_2 も OFF になり最初の状態に戻ります。この動作が繰り返されて図2.2に示すパルス状の出力波形※が得られます。この出力をスピーカに入れることで発振音を聞くことができます。

※シンセサイザの音色の一つ。矩形波といわれる。

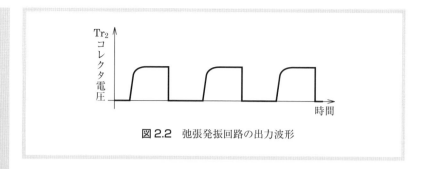

図 2.2 弛張発振回路の出力波形

■ **製作**

製作するトランジスタ式導通テスターの回路を図 2.3 に，使用する部品を表 2.1 に示します。なお，ジャンプワイヤーは，製品のキットに含まれているものやジャンプワイヤーキットの中から長さの合うものを選んで挿し込みます。

トランジスタ式導通テスターの仕組みは，弛張発振回路を応用したもので，図 2.1 の抵抗 R_1 の下部の A 点を切り離してテスター端子を設けたものです。

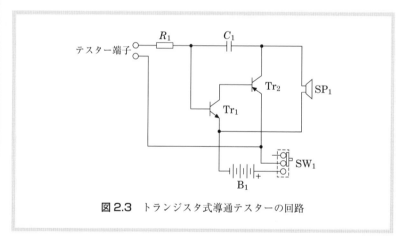

図 2.3 トランジスタ式導通テスターの回路

表 2.1 部品表

部品番号	部品名 [表示]	型番・容量など	個数
C_1	積層セラミックコンデンサ	$0.022\,\mu\mathrm{F}$	1
R_1	カーボン抵抗［茶黒黄金］	$100\,\mathrm{k}\Omega$	1
Tr_1	トランジスタ（NPN 形）	KTC3198（2SC1815）	1
Tr_2	トランジスタ（PNP 形）	KTA1266（2SA1015）	1
SW_1	スライドスイッチ	MMS-A-1-2N	1
SP_1	スピーカ［$8\,\Omega$］	SBS-P02	1
B_1	電池ボックス	単 3×4 本／ワイヤー付き	1
	ジャンプワイヤー（ミノムシ）	SMP-200	1

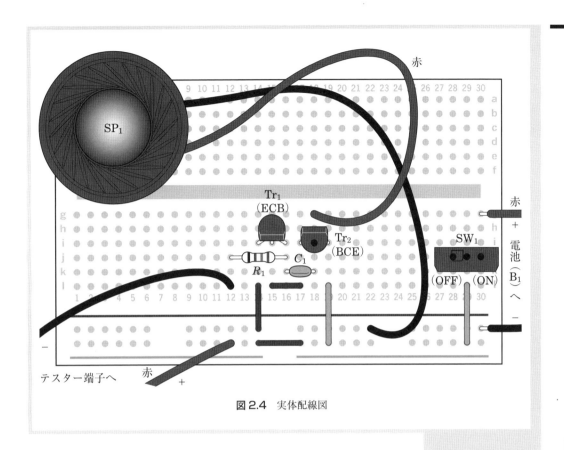

図 2.4 実体配線図

■ 部品の実装

小型ブレッドボード（SAD-101）にトランジスタ式導通テスターの部品を組み込んだ実体配線図を図 2.4 に，完成したブレッドボードを写真 2.2 に示します．電源は単 3 乾電池 4 本を使用した 6 V で，この乾電池はワイヤー付きの電池ボックスに入れて使用します．

■ トランジスタ式導通テスターの使い方

まず正常に動作しているかチェックします．スライドスイッチ SW_1 を ON にしてテスター端子となるジャンプワイヤーの先端同士を接触させて，「ジー」と音が発生すれば完成です．

使い方は，テスター端子の先端を調べたいものにあてるだけです（写真 2.3）．身近なもの（線材や水滴など）にテスター端子の先端をあてて音が発生するかを試してみましょう．音が発生すれば，その物質は電気を通す「導体」であることがわかります．水も電気を通します※ので水位検知にも利用できます．

なお，電源を持った電気機器などをチェックする場合は，チェック先の電源を必ず OFF にします．

※水に含まれる物質（不純物）によって抵抗値は異なる．

写真 2.2 トランジスタ式導通テスターのブレッドボード

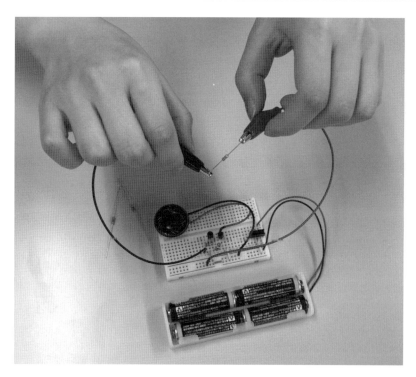

写真 2.3 抵抗にテスター端子を挟んで導通を調べている様子

3 電子楽器（エレキギター風）

弛張発振回路を利用したエレキギター風の音を出せる回路の製作です（写真 3.1）。発生する音は，決まった音階ではなく，可変抵抗を使って連続的な変化の音を出せるようにすることでエレキギター風の音をスピーカから聞くことができます。

エレキギターのイラストの盾（ディスプレイ）を用意して，そこにスピーカを付けてブレッドボードの可変抵抗のつまみを回すと，エレキギター風の音の雰囲気が高まります。

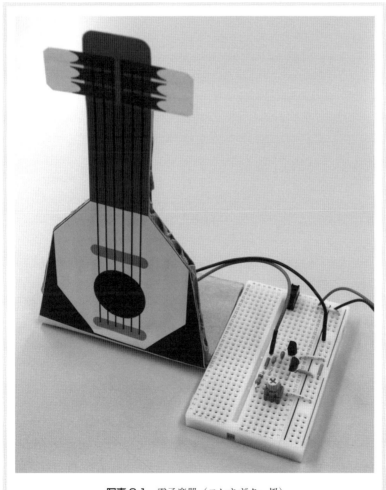

写真 3.1 電子楽器（エレキギター風）

■ 電子楽器の回路について

　ここで製作する電子楽器の基本は「2 電気が通るか試してみよう（トランジスタ式導通テスター）」で使っている弛張発振回路の応用で，PNP形トランジスタとNPN形トランジスタを組み合わせて，コンデンサの充放電によって低周波信号を得るものです。

■ 製作

　可変抵抗を使って音程を変える電子楽器の回路を図3.1に，使用する部品を表3.1に示します。なお，ジャンプワイヤーは，製品のキットに含まれているものや別売りのジャンプワイヤーキットの中から長さの合うものを選んで挿し込みます。

　基本となる弛張発振回路（図2.1参照）のトランジスタ Tr_2 のコレクタとベース間にコンデンサ C_2 を加えて，発振の強さを高めてみました。音程が少し下がりますが，音量が少し上がっています。また，トランジスタ Tr_1 のベースに付けてある抵抗 R_1 と，直列に可変抵抗 VR_1 を接続して，この抵抗値を可変することで音程が変わるので，エレキギターの

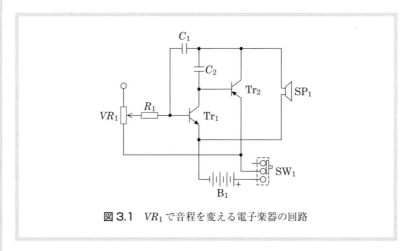

図3.1　VR_1 で音程を変える電子楽器の回路

表3.1　部品表

部品番号	部品名［表示］	型番・容量など	個数
C_1, C_2	積層セラミックコンデンサ	$0.01\,\mu F$	2
R_1	カーボン抵抗［黄紫橙金］	$47\,k\Omega$	1
Tr_1	トランジスタ（NPN形）	KTC3198（2SC1815）	1
Tr_2	トランジスタ（PNP形）	KTA1266（2SA1015）	1
SW_1	スライドスイッチ	MMS-A-1-2N	1
SP_1	スピーカ	SBS-P02　$8\,\Omega$	1
VR_1	可変抵抗［105］	$1\,M\Omega$	1
B_1	電池ボックス	単3×4本／ワイヤー付き	1

ような雰囲気の音を出せます．

■ 部品の実装

小型ブレッドボード（SAD-101）に電子楽器（エレキギター風）の部品を組み込んだ実体配線図を図3.2に，完成したブレッドボードを写真3.2に示します．電源は単3乾電池4本を使用した6Vで，この乾電池はワイヤー付きの電池ボックスに入れて使用します．全体の構成を写真3.3に示します．

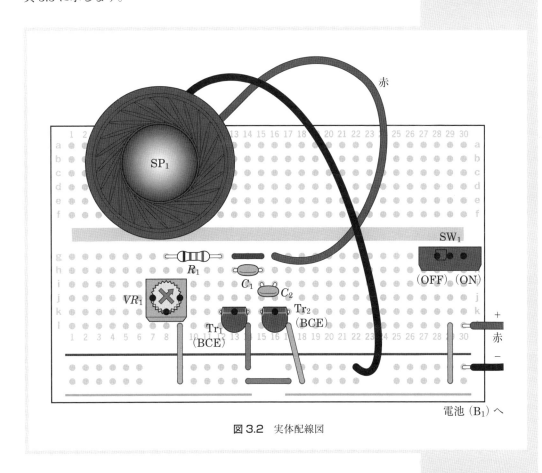

図 3.2　実体配線図

写真 3.2 電子楽器（エレキギター風）のブレッドボード

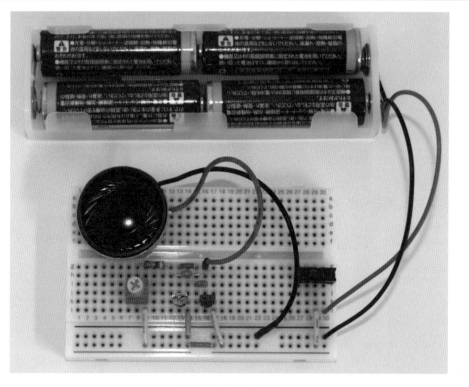

写真 3.3 全体の構成

■ 電子楽器の使い方

スライドスイッチ SW_1 を ON にすると発振音が出ますので，可変抵抗 VR_1 をゆっくり回して音程を変化させて，笛やハーモニカなどを使ってドの音と同じ音程になるように可変抵抗を回して決めておきます。

応用として，ギターを描いたイラストを図3.3，図3.4のように作り，必要に応じてスピーカ SP_1 の接続線2本をミノムシクリップ付きジャンプワイヤーを使用して延長し，イラストのギターの裏から音を出すようにする（写真3.4）とオシャレなディスプレイになります。

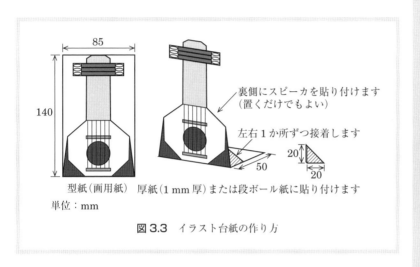

図3.3 イラスト台紙の作り方

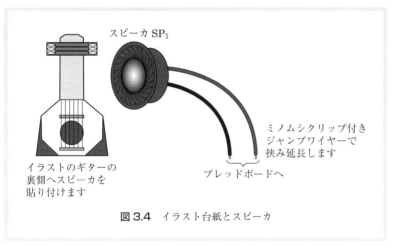

図3.4 イラスト台紙とスピーカ

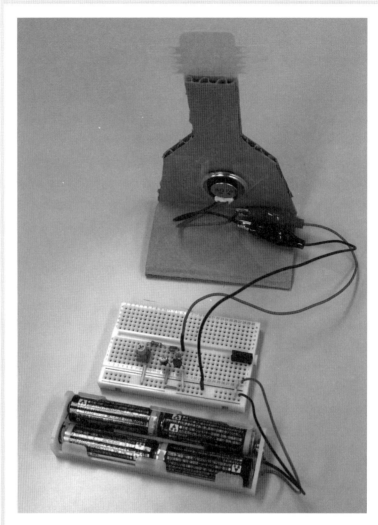

写真 3.4 ミノムシクリップ付きジャンプワイヤーを使った配線の例
（ミノムシクリップ同士がショートしないように注意）

4 ビュンビュン警報ブザー（トランジスタ式発振器）

　トランジスタ式マルチバイブレータと弛張発振回路を組み合わせることで、ビュンビュンという「うなり音」を発生する回路の製作です。マルチバイブレータの発振周波数を低くすると、うなりはスローになります。

　うなり音の発生は、弛張発振回路のコントロール部にCR（コンデンサと抵抗）の充放電回路によって行います。この回路によって得られる音はいろいろと活用できますが、警報音やアラームなどの音源として利用されてはいかがでしょう。

　写真4.1に完成した全体の構成を示します。

写真4.1　全体の構成

■ ビュンビュン警報ブザーについて

ここで製作する回路は，トランジスタ式マルチバイブレータと弛張発振回路を組み合わせたものです。

製作するビュンビュン警報ブザーの回路を図4.1に示します。回路右側のトランジスタ Tr_3，Tr_4 で構成される弛張発振回路は「2 電気が通るか試してみよう（トランジスタ式導通テスター）」の動作に加えて，抵抗 R_4，R_5，R_6 とコンデンサ C_3 によって徐々に動作するようになっていますが，回路左側のマルチバイブレータのトランジスタ Tr_2 のコレクタ電圧が上がって，トランジスタ Tr_3 がON状態のとき，コンデンサ C_3 に蓄積された電荷は放電※されます。コンデンサ C_3 が放電すると，トランジスタ Tr_3 のベースが－（マイナス）方向に落とされる（電圧が下がる）ので，Tr_3 のコレクタ・エミッタ間の電流は徐々に減少していきます。

※蓄えた電気がなくなること。

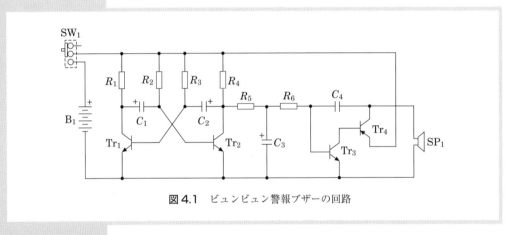

図4.1　ビュンビュン警報ブザーの回路

そして，次のタイミングで，トランジスタ Tr_2 がOFF状態になると，Tr_2 のコレクタは開放状態となるので，コンデンサ C_3 は充電状態※になっていきます。コンデンサ C_3 が充電状態になると，トランジスタ Tr_3 が徐々に動作するので，弛張発振が徐々に動作を強めていきます。

※抵抗を介しているので充電は少しずつ行われる。

これらの繰り返しの動作によって，弛張発振回路のスピーカ SP_1 からうなるような音が聞こえます。スライドスイッチ SW_1 は電源スイッチです。

■ 製作

製作するビュンビュン警報ブザーの回路を図4.1に，使用する部品を表4.1に示します。なお，ジャンプワイヤーは，製品のキットに含まれているものや別売りのジャンプワイヤーキットの中から長さの合うものを選んで挿し込みます。

ビュンビュン警報ブザーの回路の右側（Tr_3，Tr_4 周辺）は「3 電子楽器（エレキギター風）」の構成に似ていますが，抵抗やコンデンサの値は異なっていますので，注意してください。

回路がわかりやすいように横一列に部品を組み込みましたので，図 4.2 の実体配線図と図 4.1 の回路とを照らし合わせて部品を組み込むとより理解を深められます。

また C_3 の値を変えると，うなるような音も変化します。$4.7\,\mu F$ を $10\,\mu F$ などに変えてみると，その変化がわかります。

表 4.1 部品表

部品番号	部品名［表示］	型番・容量など	個数
C_1, C_2	電解コンデンサ	$10\,\mu F$	2
C_3	電解コンデンサ	$4.7\,\mu F$	1
C_4	積層セラミックコンデンサ	$0.1\,\mu F$	1
R_1, R_4	カーボン抵抗［橙橙赤金］	$3.3\,k\Omega$	2
R_2, R_3	カーボン抵抗［茶黒橙金］	$10\,k\Omega$	2
R_5, R_6	カーボン抵抗［赤赤橙金］	$22\,k\Omega$	2
Tr_1, Tr_2, Tr_3	トランジスタ（NPN 形）	KTC3198（2SC1815）	3
Tr_4	トランジスタ（PNP 形）	KTA1266（2SA1015）	1
SP_1	スピーカ	SBS-P02　$8\,\Omega$	1
SW_1	スライドスイッチ	MMS-A-1-2N	1
B_1	電池ボックス	単3×4本／ワイヤー付き	1

■ 部品の実装

小型ブレッドボード（SAD-101）にビュンビュン警報ブザーの部品を組み込んだ実体配線図を図 4.2 に，完成したブレッドボードを写真 4.2 に示します。電源は単 3 乾電池 4 本を使用した 6 V で，この乾電池はワイヤー付きの電池ボックスに入れて使用します。

■ ビュンビュン警報ブザーの使い方

スライドスイッチ SW_1 を ON にすると，ビュンビュンと音が発生します。抵抗 R_6（$22\,k\Omega$）の値を少し変えると，発生する音が変化するはずです。回路の組み合わせによって電子的な音の変化を試して楽しむ製作例です。

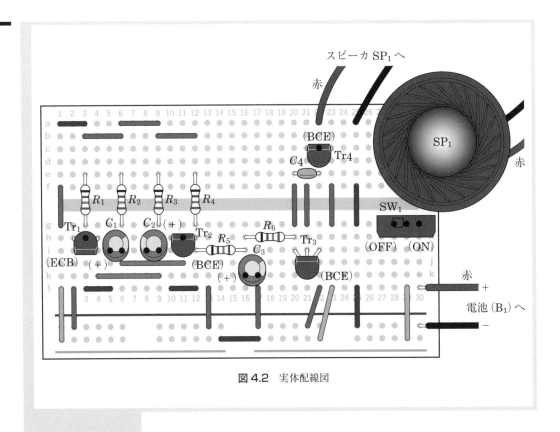

図 4.2 実体配線図

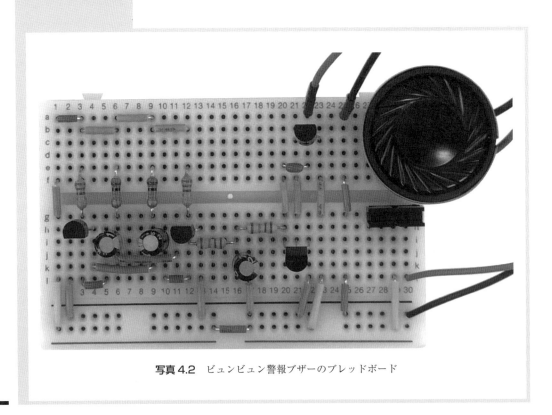

写真 4.2 ビュンビュン警報ブザーのブレッドボード

5 電子ホタル（トランジスタ式充放電回路）

ホタルの光の雰囲気を電子的に作る回路の製作です（写真5.1）。2匹のホタルに見立てたLEDが「じわーっ」とついたり消えたりします。

その動作は，スイッチを押したときにLEDがじわーっと点灯し，スイッチを離すと，LEDがじわーっと消灯します。原理は，抵抗とコンデンサを使用した充放電回路の応用回路です。

ホタルのイラストの盾（ディスプレイ）を用意し，そこにLEDを二つ取り付け，ブレッドボードからLEDへの配線をミノムシ付きのジャンプワイヤーで接続してホタルの雰囲気を楽しんでください。

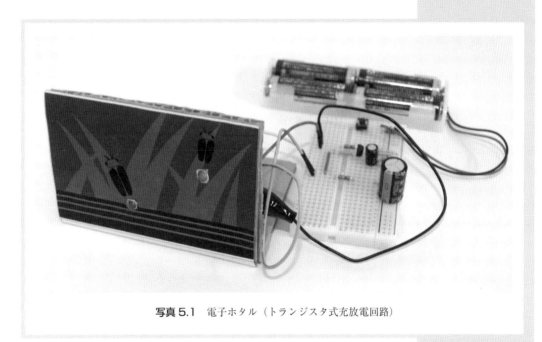

写真5.1 電子ホタル（トランジスタ式充放電回路）

■ 電子ホタルについて

製作するトランジスタ式電子ホタルには，充放電回路を使っています。その充放電動作をスイッチ動作によってLEDをホタルのように発光させます。

■ LED 発光の動作

LED を発光させるための基本的な回路を図 5.1 に示します。通常，LED に流す電流は 10〜30 mA 程度にして，使う明るさの様子を見て R_1※ の値を決めます。流す電流が少ないほど明るさは低下しますが，電源として乾電池を使用している場合はその消耗は少なくなり，寿命は延びます。また，電流を流しすぎると LED が壊れるので注意が必要です。

※ B_1 が 6 V の場合 330 Ω 程度。

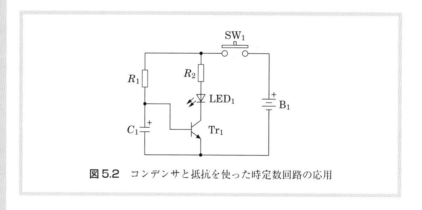

図 5.1　LED の基本的な発光回路

ここでの製作では，LED をホタルの光らしく，じわーっと点灯させるための簡単な動作回路として，コンデンサと抵抗を使った時定数回路※ を使用します。原理の説明として図 5.2 にコンデンサと抵抗を使った時定数回路の応用を示します。

※ここでの時定数は時間を設定するためのコンデンサと抵抗の組み合わせ。

図 5.2　コンデンサと抵抗を使った時定数回路の応用

スイッチ SW_1 を押すと，電源の＋（プラス）が回路に印加※されるので，抵抗 R_1 を通してコンデンサ C_1 に電流が流れ込み充電されていきます。徐々にコンデンサ C_1 の充電電圧が上昇していくと，トラジスタ Tr_1 の動作も徐々に増大してコレクタ・エミッタ間を流れる電流が増えていきます。したがって，LED_1 に流れる電流もトランジスタ Tr_1 の増幅に合わせて徐々に増えていくので，じわーっという感じで点灯します。

スイッチ SW_1 を押し続けて，コンデンサ C_1 の電圧値が 0.7 V 以上になると，トランジスタ Tr_1 が完全動作となり，LED は最も明るく点灯

※電気（電圧）を加えること。

5　電子ホタル

製作編

します。

LEDが最も明るく点灯してからスイッチSW_1をOFFにすると，コンデンサC_1への電流供給が断たれるために，コンデンサC_1に蓄積された電荷は，トランジスタTr_1のベース・エミッタを通じてすぐに放電されるので，LEDは瞬時に消灯状態になります。

• LEDをじわーっと消灯させる

スイッチSW_1をOFFにしたときLEDをじわーっと消灯させる方法として最も簡単なのは，コンデンサをもう1個追加することです。その回路は図5.3に示すようにコンデンサC_2を追加したことで，スイッチSW_1を押している間にコンデンサC_2に電源が供給されて電荷が蓄積されます。このコンデンサは高容量（1,000μFくらい）のものを使います。いわば小さな蓄電池のようなものと思ってください。

スイッチSW_1をOFFにして回路の電源が遮断されると，このコンデンサC_2が電源の代わりとなり，ほんの少しの時間だけLED_1を点灯させますが，徐々にコンデンサC_2の電圧は低下していくのでLEDは徐々に暗くなっていきます。

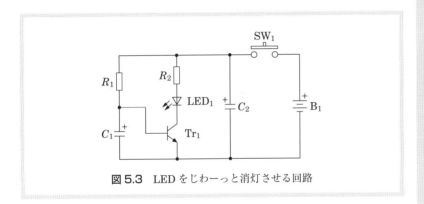

図5.3 LEDをじわーっと消灯させる回路

■ 製作

図5.2と図5.3の回路を応用した電子ホタルの回路を図5.4に，使用する部品を表5.1に示します。なお，ジャンプワイヤーは，製品のキットに含まれているものや別売りのジャンプワイヤーキットの中から長さの合うものを選んで挿し込みます。

この回路のコンデンサC_1は，はじめ放電されているとします。タクトスイッチ※SW_1を押し続けると抵抗R_1を通して電荷がコンデンサC_1に蓄積され，徐々にコンデンサの電圧が上昇するとともにトランジスタTr_1のベースに流れ込む電流が増えていきます。それにしたがってコレクタ・エミッタ間の電流値も増えていき，抵抗R_2からLED_1および抵

※押しボタンスイッチ

抗R_3からLED$_2$に流れ込む電流が徐々に増えて，各LEDはじわーっと発光します。

タクトスイッチSW$_1$を押すとコンデンサC_2には抵抗R_4を通じて電源電圧が加わり充電されます。そして押すのをやめると，回路に電源が供給されなくなりますが，コンデンサC_2に蓄積された電荷が電源の代わりとして働くのでわずかな時間ですが，LEDの発光はじわーっと消えていくことになります。

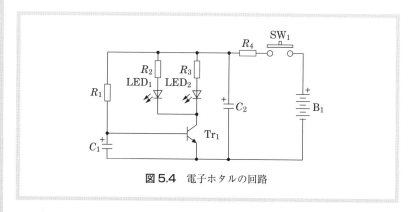

図5.4 電子ホタルの回路

表5.1 部品表

部品番号	部品名［表示］	型番・容量など	個数
C_1	電解コンデンサ	$220\,\mu\text{F}$	1
C_2	電解コンデンサ	$2{,}200\,\mu\text{F}$	1
LED$_1$, LED$_2$	LED（赤 5ϕ）	SLR-56VR3F	2
R_1	カーボン抵抗［茶黒黄金］	$100\,\text{k}\Omega$	1
R_2, R_3	カーボン抵抗［橙橙茶金］	$330\,\Omega$	2
R_4	カーボン抵抗［茶緑茶金］	$150\,\Omega$	1
Tr$_1$	トランジスタ（NPN形）	KTC3198（2SC1815）	1
SW$_1$	タクトスイッチ	DTST-62K-V	1
B$_1$	電池ボックス	単3×4本／ワイヤー付き	1

■ **部品の実装**

小型ブレッドボード（SAD-101）にトランジスタ式電子ホタルの部品を組み込んだ実体配線図を図5.5に，完成したブレッドボードを写真5.2に示します。並べた2個のLEDは，キットでは赤色ですが，好きな色を入手して使ってもよいでしょう。この場合は，明るさを見てR_2, R_3の抵抗値を変えて※ください。電源は単3乾電池4本を使用した6Vで，この乾電池はワイヤー付きの電池ボックスに入れて使用します。全体の構成を写真5.3に示します。

※±50％くらい。

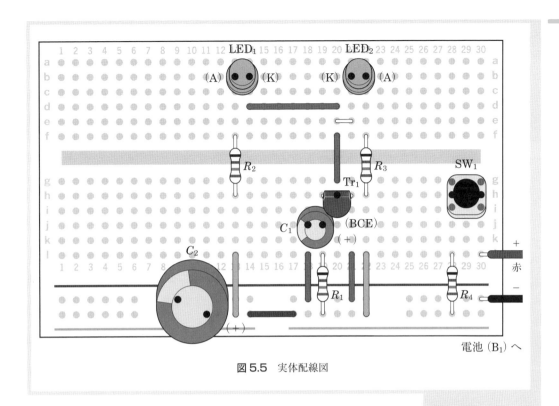

図 5.5 実体配線図

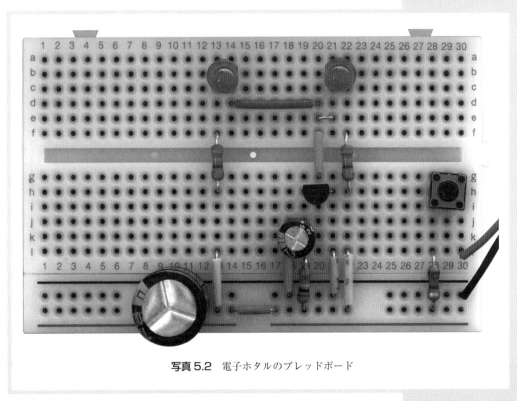

写真 5.2 電子ホタルのブレッドボード

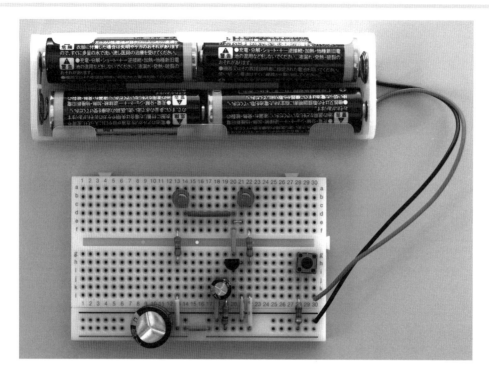

写真 5.3 全体の構成

■ 電子ホタルの使い方

「1 ウインクわんちゃん（トランジスタ式マルチバイブレータ）」や「3 電子楽器（エレキギター風）」の使い方と同様，図 5.6 のようにホタルを描いたイラストを厚紙（約 1 mm）または段ボール紙に貼り，LED が入る穴をあけて LED を挿し込んでディスプレイとして楽しみます（図 5.7）。その場合，ブレッドボードから LED を外して，その足に図 1.5（31 ページ参照）のように電線とジャンプワイヤーを接続し，反対側はブレッドボード上の LED が挿さっていた穴に挿し込みます。ブレッドボード上の部品の実装では，はんだ付けはありませんが，このように応用する場合は，簡単なはんだ付け作業で応用拡張ができます。完成したものを写真 5.4 に示します。まるで 2 匹のホタルが飛びかっているような雰囲気を味わうことができます。

なお，LED の足の延長用には，「1 ウインクわんちゃん（トランジスタ式マルチバイブレータ）」の図 1.5 のようにミノムシクリップ付きジャンプワイヤーを使わずに細長い電線を使用することも可能です。その際，ブレッドボード側の電線の先端のビニール被覆は 5 mm ほどむいて，出てきた導線をよじってブレッドボードの穴に挿し込むようにしてもよいでしょう。

図 5.6　電子ホタル用のイラスト例

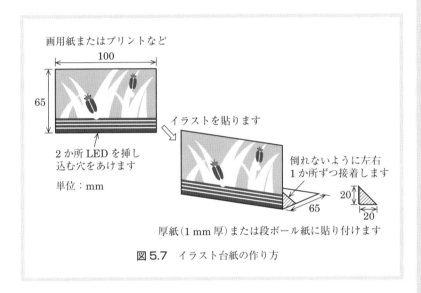

図 5.7　イラスト台紙の作り方

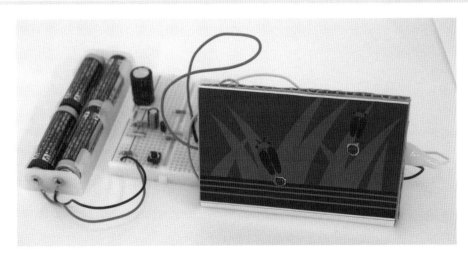

写真 5.4　電子ホタルのディスプレイ

6 小鳥のさえずり器
（トランジスタ式充放電発振器）

「チ・チ・チ」と小鳥の鳴き声を鳴らす「さえずり」風の音を発生する回路の製作です（写真6.1）。弛張発振回路に，スイッチ式断続音発生回路を組み合わせたもので，抵抗とコンデンサによる充放電の動作を利用しています。また，鳴き声と同時にLEDが点灯するようにしてあります。

小鳥のイラストの盾（ディスプレイ）を用意し，そこに圧電スピーカを取り付け，ブレッドボードから圧電スピーカへの配線をミノムシ付きのジャンプワイヤーで接続して小鳥がさえずる雰囲気を楽しんでください。

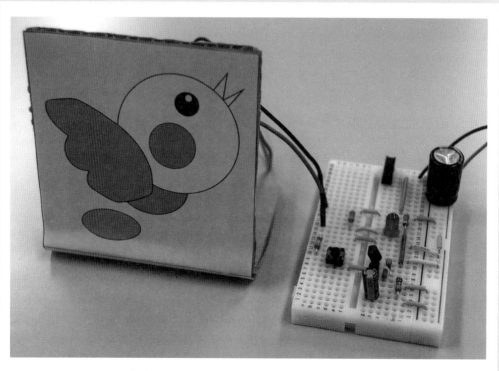

写真6.1 小鳥のさえずり器を付けたディスプレイ

■ 小鳥のさえずり器について

回路は「2 電気が通るか試してみよう（トランジスタ式導通テスター）」の弛張発振回路に部品を追加したものです。弛張発振器に，さ

えずり用として充放電回路を加えて，弛張発振回路＋充放電回路となっています。

トランジスタ式充放電発振の回路による小鳥のさえずり器の回路を図6.1に示しますが，基本的な弛張発振回路に，小鳥のさえずりのごとく音が出るように間欠動作※をさせるために発生回路を加えたものです。

弛張発振回路は，先の「2 電気が通るか試してみよう（トランジスタ式導通テスター）」でも使ったPNP形トランジスタとNPN形トランジスタを組み合わせた回路です。ここでは図6.1のトランジスタTr_1のベースに接続されている抵抗R_1と電解コンデンサC_1によって充放電を行わせ，トランジスタTr_1の動作を間欠的にして，さえずり効果が出るようになっています。

※ある一定の間隔をおいて同じ動作をすること。

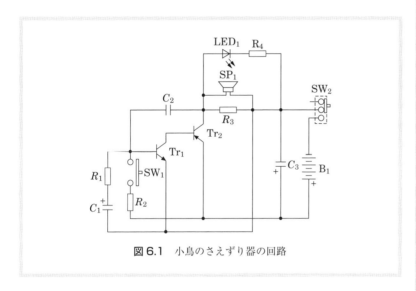

図6.1　小鳥のさえずり器の回路

■ 製作

製作する小鳥のさえずり器の回路を図6.1に，使用する部品を表6.1に示します。なお，ジャンプワイヤーは，製品のキットに含まれているものや別売りのジャンプワイヤーキットの中から長さの合うものを選んで挿し込みます。

スライドスイッチSW_2をONにしてからタクトスイッチSW_1を押すと，弛張発振回路が動作して圧電スピーカSP_1を鳴らすとともにLED_1がまたたきます（点滅）。

抵抗R_1とコンデンサC_1の直列回路によって，トランジスタTr_1のベース電圧を変化させ発振動作を間欠的にします。抵抗R_1かコンデンサC_1の値を変えると，間欠のタイミングが変わります。抵抗R_3は圧電スピーカSP_1と並列に接続してあり，この抵抗値によって電圧の変化※が生じるようにしています。抵抗R_4※はLED_1の電流制限用の抵抗です。

※音のレベルが変わる。

※抵抗値を±30％ほど変えるとLEDの明るさが変わる。

表6.1 部品表

部品番号	部品名［表示］	型番・容量など	個数
C_1	電解コンデンサ	$100\,\mu\mathrm{F}$	1
C_2	積層セラミックコンデンサ	$0.022\,\mu\mathrm{F}$	1
C_3	電解コンデンサ	$2,200\,\mu\mathrm{F}$	1
LED_1	LED（赤 5ϕ）	SLR-56VR3F	1
R_1	カーボン抵抗［茶黒赤金］	$1\,\mathrm{k}\Omega$	1
R_2	カーボン抵抗［黄紫橙金］	$47\,\mathrm{k}\Omega$	1
R_3	カーボン抵抗［黄紫茶金］	$470\,\Omega$	1
R_4	カーボン抵抗［茶緑茶金］	$150\,\Omega$	1
Tr_1	トランジスタ（NPN形）	KTC3198（2SC1815）	1
Tr_2	トランジスタ（PNP形）	KTA1266（2SA1015）	1
SW_1	タクトスイッチ	DTST-62K-V	1
SW_2	スライドスイッチ	MMS-A-1-2N	1
SP_1	圧電スピーカ	PKM17EPPH4001-B0	1
B_1	電池ボックス	単3×4本／ワイヤー付き	1

■ **部品の実装**

　小型ブレッドボード（SAD-101）に小鳥のさえずり器（トランジスタ式充放電発振器）の部品を組み込んだ実体配線図を図6.2に，完成した

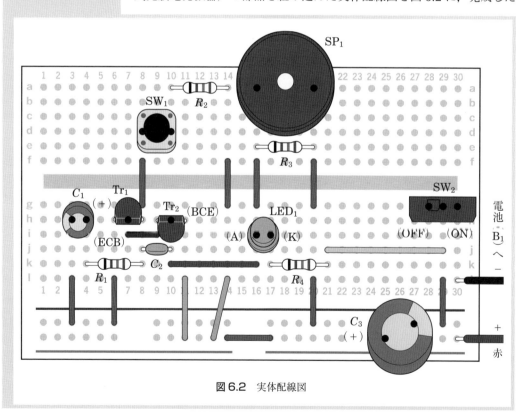

図6.2　実体配線図

写真 6.2 小鳥のさえずり器（トランジスタ式充放電発振器）のブレッドボード

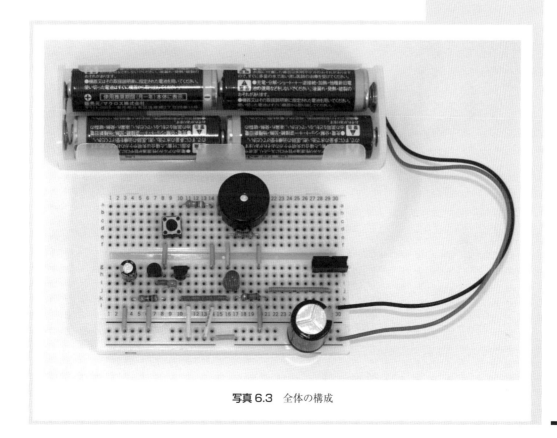

写真 6.3 全体の構成

ブレッドボードを写真 6.2 に示します。電源は単 3 乾電池 4 本を使用した 6 V で，この乾電池はワイヤー付きの電池ボックスに入れて使用します。全体の構成を写真 6.3 に示します。

■ 小鳥のさえずり器の使い方

スライドスイッチ SW_2 を ON にして，回路に電源（6 V）を供給してタクトスイッチ SW_1 を押すたびに，「チ・チ・チ」といった小鳥のさえずりのような音が楽しめます。

「3 電子楽器（エレキギター風）」などと同様，図 6.3 のように小鳥のイラストを描いたイラストを厚紙（約 1 mm）または段ボール紙に貼ったものの裏に圧電スピーカを貼り付けます（図 6.4，写真 6.4）。圧電スピーカの端子とブレッドボードを接続するための延長用の電線は，図 6.5 のように加工した線を使います。ブレッドボード上の部品の実装では，はんだ付けはありませんが，このように応用する場合は簡単なはんだ付け作業が必要になります。完成したものの裏側の様子を写真 6.5 に示します。

図 6.3　小鳥のさえずり器のイラスト例

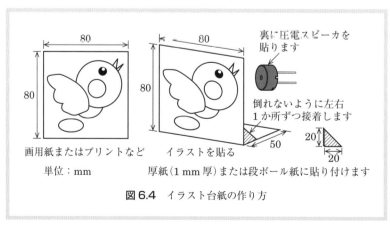

図 6.4　イラスト台紙の作り方

写真 6.4 圧電スピーカを貼り付けた例

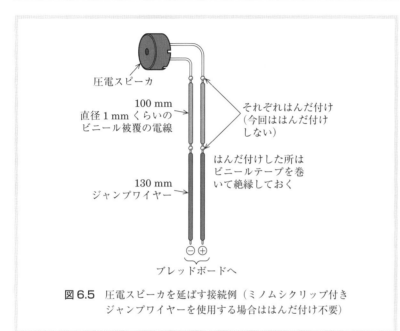

図 6.5 圧電スピーカを延ばす接続例(ミノムシクリップ付きジャンプワイヤーを使用する場合ははんだ付け不要)

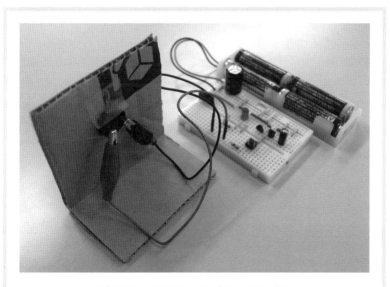

写真 6.5 ディスプレイを裏側から見た様子

7 サウンドセンサーアラーム（トランジスタ式音センサー）

　マイクに向かって大きな声でしゃべったり手を叩いたりすると，一定時間 LED が点灯して同時に電子ブザーが鳴る音入力反応回路の製作です。低周波増幅回路とダイオードを利用した整流回路，ダーリントン接続回路を使った増幅回路を組み合わせています。

　何かの音が入力されると動作する回路ですので，マイクを延長して離れた所に置き，その場所の音を検知すると電子ブザー音と LED の発光で知ることができるものとして活用するとよいでしょう。

　写真 7.1 に完成した全体の構成を示します。

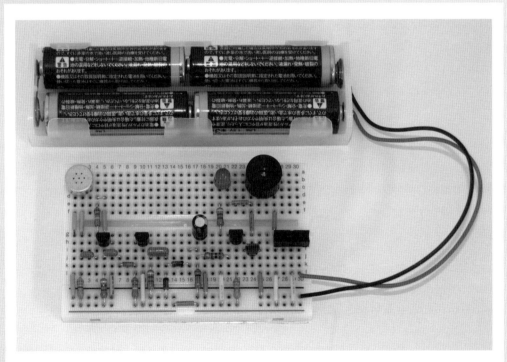

写真 7.1　全体の構成

■ サウンドセンサーアラームについて

　CR 充放電回路を用いたサウンドセンサー※を使って，音に反応して電子ブザーと LED が動作する回路です。音に反応するサウンドセンサーアラームの概要を図 7.1 に示します。

※音センサーともいう。

　コンデンサマイクで受けた音声（低周波）信号を 2 段の低周波アンプで増幅して，整流回路で直流信号にします。そして直流信号を CR 充放電回路に送り，コンデンサで電荷を蓄積・放電させることによってタイマー機能を働かせます。

　次に，CR 充放電回路の出力信号をダーリントン接続の増幅回路に送ります。ダーリントン接続については回路説明に記述しますが，この回路は入力抵抗が高いので，前段の CR 充放電回路に対する影響が小さくなるというメリットがあります。さらに電流を増幅させる役割も担っています。ダーリントン接続回路の出力に電子ブザーと LED を接続すれば完成します。

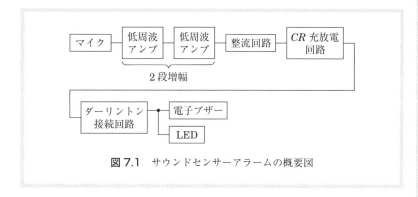

図 7.1　サウンドセンサーアラームの概要図

■ サウンドセンサーアラームの回路について

　サウンドセンサーアラームの回路を図 7.2 に示します。

　音声信号はトランジスタ Tr_1 と Tr_2 で増幅して，抵抗 R_5 により電圧（交流）として取り出します（Tr_2 のエミッタ）。そのあとコンデンサ C_3，C_4，ダイオード D_1，D_2 からなる整流回路によって直流電圧となります。

　そして，この電圧はトランジスタ Tr_3，Tr_4 のベース→エミッタ→ベースの順に加わり，それぞれのトランジスタにコレクタ電流が流れます。トランジスタ Tr_3，Tr_4 のこのような結線をダーリントン接続といい，電流を大きく増幅させる場合に使います。

　通常，トランジスタにベース電流 I_b が流れると，その数十倍〜数百倍のコレクタ電流 I_c が流れます。この倍率を直流電流増幅率 h_{fe} といい，

$$I_c = h_{fe} \times I_b$$

と表すことができます。

ダーリントン接続回路は，トランジスタ Tr_3, Tr_4 のベース電流を I_{b3}, I_{b4}，コレクタ電流を I_{c3}, I_{c4}，電流増幅率を h_{fe3}, h_{fe4} とすると，

$$I_{c4} = h_{fe4} \times h_{fe3} \times I_{b3}$$

になるので，非常に大きな電流を得ることができます。

これはトランジスタ Tr_3 のコレクタ電流 $I_{c3} = h_{fe3} \times I_{b3}$ がトランジスタ Tr_4 のベース電流 I_{b4} として流れるので，トランジスタ Tr_4 のコレクタ電流 $I_{c4} = h_{fe4} \times I_{b4} = h_{fe4} \times h_{fe3} \times I_{b3}$ となるからです。

音声入力が途切れると，抵抗 R_6 によってコンデンサ C_4 に蓄積された電荷は放電して電圧が下がり始めます。この現象によって電子ブザー BZ_1 の音量が徐々に小さくなり，電子ブザーと並列接続された LED も暗くなっていくので，その動作を音と光で確認することができます。そして電圧がトランジスタ Tr_3, Tr_4 の動作電圧を下回るとコレクタ電流 I_{c4} はゼロとなり，電子ブザー BZ_1 と LED_1 は OFF になります。

■ 製作

サウンドセンサーアラームの回路は図 7.2 のとおりで，使用する部品を表 7.1 に示します。なお，ジャンプワイヤーは，製品のキットに含まれているものや別売りのジャンプワイヤーキットの中から長さの合うものを選んで挿し込みます。

サウンドセンサーアラームでは，音を受けるコンデンサマイクと音を出す電子ブザーを付ける位置が近いと誤動作する場合があるので，コンデンサマイクと電子ブザーを離して組み込みます。また，コンデンサマイクと電子ブザーは，それぞれを細長い電線を追加して延長することで別々の所に置くことが可能です。

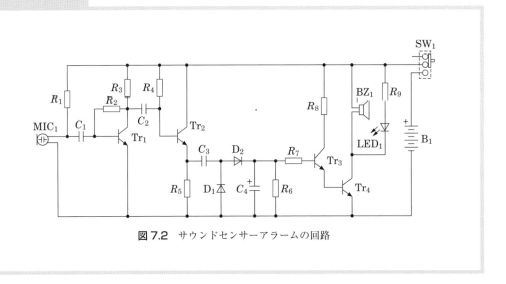

図 7.2　サウンドセンサーアラームの回路

表7.1 部品表

部品番号	部品名［表示］	型番・容量など	個数
BZ_1	電子ブザー	TMB-05	1
C_1, C_2	積層セラミックコンデンサ	$0.47\,\mu F$	2
C_3	積層セラミックコンデンサ	$1\,\mu F$	1
C_4	電解コンデンサ	$4.7\,\mu F$	1
D_1, D_2	ダイオード	BAT43	2
LED_1	LED（赤 5ϕ）	SLR-56VR3F	1
MIC_1	コンデンサマイク	KUC3523-050245	1
R_1, R_8	カーボン抵抗［橙橙赤金］	$3.3\,k\Omega$	2
R_2, R_4	カーボン抵抗［赤赤黄金］	$220\,k\Omega$	2
R_3, R_5	カーボン抵抗［黄紫赤金］	$4.7\,k\Omega$	2
R_6	カーボン抵抗［茶黒緑金］	$1\,M\Omega$	1
R_7	カーボン抵抗［茶黒赤金］	$1\,k\Omega$	1
R_9	カーボン抵抗［黄紫茶金］	$470\,\Omega$	1
$Tr_1 \sim Tr_4$	トランジスタ（NPN形）	KTC3198（2SC1815）	4
SW_1	スライドスイッチ	MMS-A-1-2N	1
B_1	電池ボックス	単3×4本／ワイヤー付き	1

■ **部品の実装**

小型ブレッドボード（SAD-101）にサウンドセンサーアラームの部品を組み込んだ実体配線図を図7.3に，完成したブレッドボードを写真7.2に示します．この製作ではマイクMIC_1と電子ブザーBZ_1，LED_1をブ

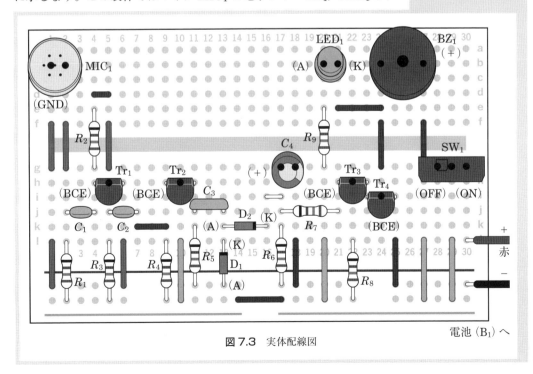

図7.3 実体配線図

レッドボードの上側に離して並べて配置しています。電源は単3乾電池4本を使用した6Vで，この乾電池はワイヤー付きの電池ボックスに入れて使用します。全体の構成は写真7.1（60ページ）を参照してください。

写真7.2 サウンドセンサーアラームのブレッドボード

■ サウンドセンサーアラームの使い方

電池を接続してコンデンサマイク MIC_1 に向かって声を出すと電子ブザー BZ_1 が鳴り LED_1 が光りますが，声が大きいほど LED_1 はより明るく光ります。

声を止めてからの動作時間（継続時間）は，充放電回路に使用しているコンデンサ C_4，放電抵抗 R_6※ の値により変化します。この C_4 と R_6 の求め方ですが，簡易的には次の式で時間幅 T 秒を算出することができます。

$$T = 0.6 \times C_4 \times R_6 〔秒〕$$

C_4 が $4.7\mu F$，R_6 が $100\,k\Omega$ の場合は，

$$T = 0.6 \times 4.7 \times 10^{-6} \times 100 \times 10^3 = 0.282 〔秒〕$$

となります。ただし，この値はトランジスタ Tr_3, Tr_4 の特性や動作によって多少変動するので目安にするとよいでしょう。

なお，参考としてコンデンサマイクの仕様の例を図7.4に示します。コンデンサマイクは電源を供給して使うマイクなので，図7.2では抵抗 R_1 を通して電源とつながっています。

※ R_6 の抵抗値を100kΩから1MΩくらいで変えると動作時間が変化するのがわかる。

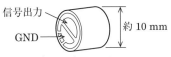

外側(ケース)につながっているほうがGND

動作電圧:2〜10 V くらい
消費電流:0.8 mA 以下
出力インピーダンス:1.5〜2.2 kΩ
感度:−60 dB くらい
指向性:無指向性

(a) 外形

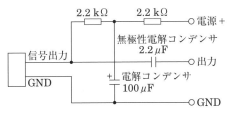

(b) 電源供給回路の例

図 7.4 コンデンサマイクの仕様の例

8 キッチンタイマー（トランジスタ式タイマー）

コンデンサと抵抗の充放電の原理を利用したタイマー回路の製作です。コンデンサと抵抗の組み合わせによるタイマー回路は，電子回路の例としてよく見かけます。そのコンデンサには，大容量の電解コンデンサが使われますが，特に大きな容量が必要なときは，小さなサイズで容量が大きな「電気二重層キャパシタ」というコンデンサが使われることもあります。ただし，ここでの製作には電解コンデンサを使っています。

タイマーの時間設定は，可変抵抗を使用することにより調整できるようにしてありますが，そのタイマー時間は，時定数と呼ばれる計算式で求められます。

トランジスタを使った基本的なタイマーの製作ですが，設定時間を調整してインスタントラーメンなどの待ち時間タイマーなどに使うとよいでしょう。

写真 8.1 に完成した全体の構成を示します。

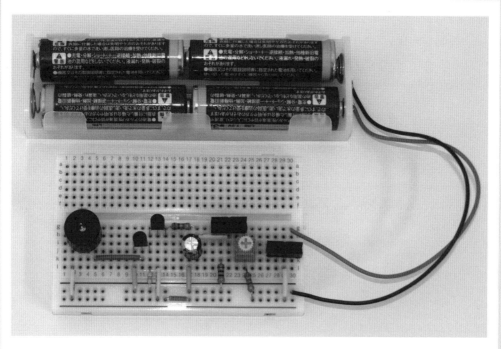

写真 8.1 全体の構成

■ タイマーの基本

図8.1のようにコンデンサ C_1 と抵抗 R_1，LED，スイッチ SW_1 と電源 V_{CC} のみで構成した簡易タイマーを例として説明します。このタイマーは点灯している LED が消灯するまでの時間によって，タイマーとして機能させることができるものです。

この回路の動作は，スイッチ SW_1 を②側（放電側）に切り替え，しばらく経ってから①側（充電側）に切り替えます。いったん放電側に切り替える理由は，コンデンサ C_1 に残っている電荷（電気）を放電させるためです。そして，スイッチ SW_1 を①側にすると，電源（電池）V_{CC} から抵抗 R_1 を介してコンデンサ C_1 に電流が流れ，コンデンサ C_1 が充電されます。するとコンデンサ C_1 の V_C が徐々に高くなり，やがて電源電圧 V_{CC} と同じ電圧になります。

次に，スイッチ SW_1 を②側にすると，コンデンサ C_1 が放電して蓄積された電荷が抵抗 R_1，R_2 を介して LED_1 に流れて点灯します。このように放電することで，コンデンサ C_1 の電荷は徐々になくなり，電圧 V_C が減少していきます。LED_1 を点灯させる電圧を下回ると LED_1 は消灯します。スイッチ SW_1 を②側にしてから消灯までの時間がタイマーの時間となります。なお，充放電時の電圧の変化を表す波形の例を図8.2に示します。

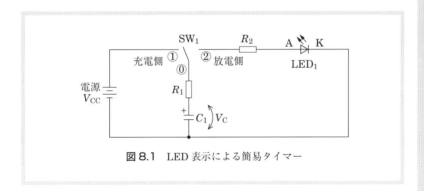

図 8.1　LED 表示による簡易タイマー

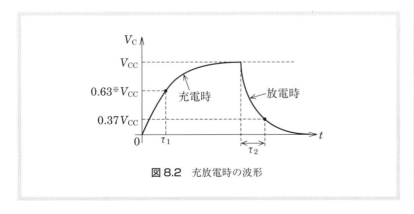

図 8.2　充放電時の波形

※約0.6（60％）として計算することが多い。

コンデンサは，容量が大きいほど電荷を多く蓄積することができますが，その分，充電が完了するまでにかかる時間が長くなります。そして，電荷をより多く蓄積するほど，放電にかかる時間も長くなります。また，コンデンサと直列に接続されている抵抗の値が大きいほど，充放電にかかる時間は長くなります。このようにコンデンサと抵抗による CR 回路は，コンデンサの容量と抵抗の値により充放電時間を設定することができます。

なお，図 8.1 の抵抗 R_1 はコンデンサ C_1 を充電する際に流れる大きな電流（突入電流）を防止する役目があり，抵抗 R_2 は LED_1 に流れる電流を制限する役目があります。したがって，タイマーの設定時間を変更する方法はコンデンサの容量を変えるしかありません。

ここで抵抗 R_2 は，コンデンサ C_1 の電圧 V_C の最大値が 6 V のとき，LED_1 に流れる電流 i_1 が 0.03 A となる値にします。LED_1 が点灯するには，アノード（A）とカソード（K）間の電圧が約 2 V 以上必要なので，電源電圧が 6 V のとき LED_1 が点灯し，電流が 0.03 A（30 mA）となる抵抗 R_2 の値は次の式で約 133 Ω※と求められます。

※ R_1 の抵抗値は R_2 に比べて小さいので無視できる。

$$R_2 = \frac{6-2}{0.03} \fallingdotseq 133$$

コンデンサ C_1 の容量を大きくすると，その分，充電時間が長くなりますが，スイッチ SW_1 を②側にしたときの LED_1 の発光はより長く続きます。この時間は，時定数という値を用いておおまかに計算することができます。図 8.2 に示す τ_1，τ_2 が時定数です。

図 8.1 のスイッチ SW_1 を①側に切り替えたとき，つまり充電時の時定数 τ_1 は，次の式になります（単位は秒）。

$$\tau_1 = C_1 \times R_1 \quad \cdots\cdots\cdots\cdots\cdots\cdots\cdots\cdots\cdots\cdots\cdots\cdots (1)$$

スイッチ SW_1 を②側に切り替えたとき，つまり放電時の時定数 τ_2 は LED_1 の内部抵抗を無視すると次の式になります。

$$\tau_2 = C_1 \times (R_1 + R_2) \quad \cdots\cdots\cdots\cdots\cdots\cdots\cdots\cdots (2)$$

時定数 τ_1 は，コンデンサの電圧 V_C が電源電圧 V_{CC} の約 63% になる時間を表し，時定数 τ_2 は，コンデンサの電圧 $V_C = V_{CC}$ であったとすると，電圧 $V_C = V_{CC}$ の約 37% になる時間を表しています。

例えば，電源電圧 $V_{CC} = 3$ V の場合，時定数 τ_2 のときにはコンデンサ C_1 の電圧 V_C は，$0.37 \times 3 = 1.11$ V となるので，LED_1 は消灯しています（電圧が低い）。

※ $\mu F = 10^{-6} F$

試しに，(2) 式を用いて，$C_1 = 470 \mu F$※，$R_1 = 10$ Ω，$R_2 = 330$ Ω として，図 8.1 の回路で LED_1 の点灯時間を計算してみます。

$C_1 = 470 \mu F = 470 \times 10^{-6} F$，$R_1 = 10$ Ω，$R_2 = 330$ Ω を代入すると，

$$\tau_2 = C_1 \times (R_1 + R_2) = 470 \times 10^{-6} \times (10 + 330) \fallingdotseq 0.16 \,〔秒〕$$

たった 0.16 秒ですので，LED_1 が瞬間的にしか点灯しないことが計算からわかります。この容量では，タイマーとしての機能を果たすことができないので，値の大きい可変抵抗を用いて，キッチンタイマーとして使います。また，別の方法として超大容量の電気二重層キャパシタ（コンデンサ）1.5 F を使うことを想定してみます（写真 8.2）。

写真 8.2 電気二重層キャパシタ 1.5 F

電気二重層キャパシタ（コンデンサ）とは，電解液中のイオンを炭素面上にある多数の細かい穴にしみ込ませて，大きな容量を実現させたコンデンサで小型のものでも 1～10 F もの容量があります。

1.5 F の電気二重層キャパシタ（コンデンサ）を使用した場合の充電時の時定数 τ_1 は (1)式より，

$$\tau_1 = C_1 \times R_1 = 1.5 \times 10 = 15 \,〔秒〕$$

となるので，15 秒ほどで約 1.9 V（3 V の 63%）になります。

LED_1 を点灯させるには，2 V 以上必要なので，1 分ほど充電すれば十分でしょう。

また，1.5 F のコンデンサを充電電圧 V_C は 3 V まで充電し，放電したときの時定数 τ_2 は，

$$\tau_2 = C_1 \times (R_1 + R_2) = 1.5 \times (10 + 330) = 510 \,〔秒〕$$

となり，510 秒間のタイマーができたことになります。

この回路では，実用的なタイマーを作ることはできませんが，CR 回路の充放電動作の仕組みがわかればよいでしょう。

■ **製作**

トランジスタを 2 個使用したタイマーで，設定した時間に達すると電子ブザーが鳴ります。この回路では，最長 30 分ほどの時間設定が可能です。コンデンサの容量を大きくすることによって設定時間を延長することができます。

製作するキッチンタイマーの回路を図8.3に，使用する部品を表8.1に示します。なお，ジャンプワイヤーは，製品のキットに含まれているものや別売りのジャンプワイヤーキットの中から長さの合うものを選んで挿し込みます。

スライドスイッチSW_2をR_1側（放電側）にして，しばらく※したあとにVR_1側（充電側）へ切り替えます。充電時は抵抗R_2と可変抵抗VR_1を介してコンデンサC_1に電流が流れてC_1は充電されます。

この回路では，可変抵抗VR_1により電子ブザーが鳴る時間を調整します。前述のように抵抗値が大きいほどブザーが鳴るまでの時間は長くなります。

コンデンサC_1が充電され，C_1の電圧V_{C1}が徐々に上昇して，トランジスタTr_1がONになる電圧（約0.7 V）を超えると，抵抗R_3を介してコンデンサC_1からトランジスタTr_1のベース・エミッタ間に電流が流れ込みます。

※ 10秒〜1分程度。

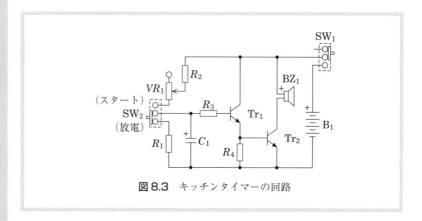

図8.3　キッチンタイマーの回路

表8.1　部品表

部品番号	部品名［表示］	型番・容量など	個数
BZ_1	電子ブザー	TMB-05	1
C_1	電解コンデンサ	$220\,\mu F/16\,V$	1
R_1	カーボン抵抗［茶黒黒金］	$10\,\Omega$	1
R_2	カーボン抵抗［赤赤茶金］	$220\,\Omega$	1
R_3	カーボン抵抗［茶黒赤金］	$1\,k\Omega$	1
R_4	カーボン抵抗［黄紫橙金］	$47\,k\Omega$	1
Tr_1, Tr_2	トランジスタ（NPN形）	KTC3198（2SC1815）	2
SW_1, SW_2	スライドスイッチ	MMS-A-1-2N	2
VR_1	可変抵抗［105］	$1\,M\Omega$	1
B_1	電池ボックス	単3×4本／ワイヤー付き	1

トランジスタ Tr_1 が ON になると，コレクタ・エミッタ間が導通するので，トランジスタ Tr_1 のコレクタ・エミッタ間を介して，トランジスタ Tr_2 のベースに電流が流れ込みます。

結果的にトランジスタ Tr_2 も ON となり，Tr_2 のコレクタ・エミッタ間も導通するので電子ブザー BZ_1 にも電圧が印加されてブザーが鳴ります。

■ 部品の実装

小型ブレッドボード（SAD-101）にキッチンタイマーの部品を組み込んだ実体配線図を図 8.4 に，完成したブレッドボードを写真 8.3 に示します。電源は単 3 乾電池 4 本を使用した 6 V で，この乾電池はワイヤー付きの電池ボックスに入れて使用します。

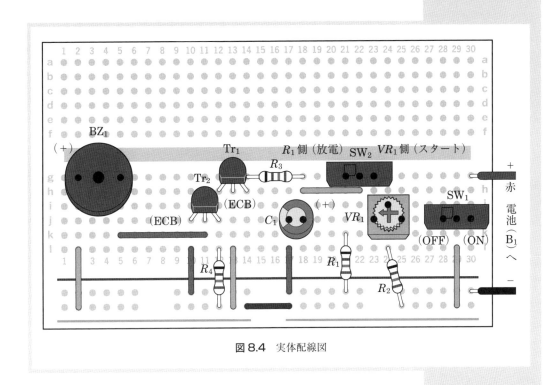

図 8.4　実体配線図

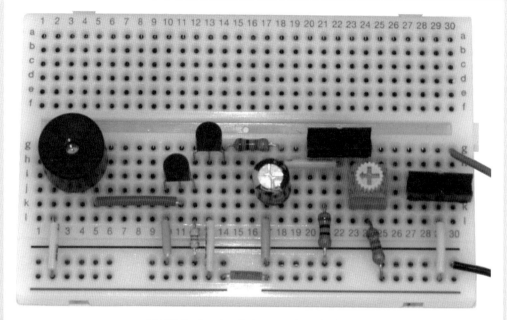

写真 8.3 キッチンタイマーのブレッドボード

■ キッチンタイマーの使い方

この回路では，ボリューム式の可変抵抗 VR_1 の抵抗値を変えることで，タイマーの時間を設定します。電池を接続して，スライドスイッチ SW_1 を R_1 側（放電側）に切り替えてしばらくしてから，VR_1 側（充電側）に切り替えます。すると可変抵抗 VR_1 の抵抗値に応じた時間に電子ブザー BZ_1 が鳴りだします。

9 接触型電子ブザー（IC555 タッチセンサー）

指先で検出部に触れると一定時間ブザー音を出すタイマー IC555 を使ったタッチセンサー※回路の製作です。IC555 をモノステーブルというモードで動作させています。

※手で触れると反応する感知器。

タッチセンサーの入力部は、タッチ（接触）を高感度で検出するためトランジスタ 2 個をダーリントン接続で構成して IC555 を動作させるものです。

指先が湿っているほど動作が確実になりますが、湿り具合の違いによる動作状態を試してみることで、タッチセンサーの接触感度の違いを体験できると思います。

写真 9.1 に完成した全体の構成を示します。

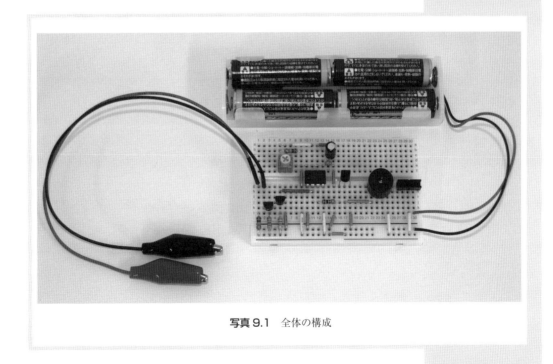

写真 9.1　全体の構成

■ タイマー IC555 について

製作で使う IC の 555※には、同じ仕様でいくつかの種類がありますが、「タイマー IC555」（以下 IC555 と記す）として広く知られています。その外形と内部構成を図 9.1 に示します。

※同じ IC として NE555, LMC555 などがある。

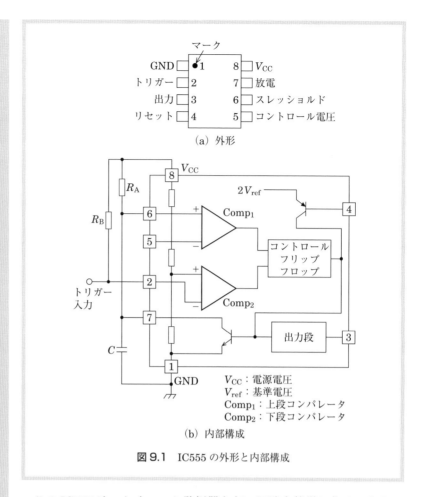

図9.1 IC555の外形と内部構成

このIC555は，タイマーや発振器などの回路を簡単に作ることができるたいへん便利なICです。IC555は本来，タイミングの信号※発生用として設計されたものですが，非常に高い安定性を持ったタイミングのスタートや，タイミングの解除ができる入力端子を備えています。タイマーなどで時間の制御などに使用する場合の時間設定は，抵抗1本とコンデンサ1本を使って正確に実現できます。

※時間間隔で動作を合わせるための信号源。

発振器としても動作は安定しており，フリーランニング（自走型，連続信号発生型）発振器の周波数や波形のデューティ比※を抵抗2本とコンデンサ1本を使って正確に設定することができます。

※周期的な現象における動作間隔の割合。

IC555の機能として，このタッチセンサーの製作で利用しているモノステーブルという動作について説明します。図9.2にIC555のモノステーブルモードの回路，波形，タイミングを示します。

モノステーブルモードの回路における動作時の出力の波形は図9.2(b)のようになります。一度トリガー（スタート状態）されると，たとえその時間の経過途中に再トリガーを与えても，設定した時間が経過するまで出力はON状態を保ち続けます。このときの出力となる設定期間

は，非常に安定しています。そのタイミング時間 T は，次の式で求められます。

$$T = 1.1 \times R_A \times C$$

この式をグラフにしたものが図9.2 (c) で，このグラフからタイミング時間を簡単に求めることができます。

図9.3 に接触型電子ブザーの回路構成を示します。

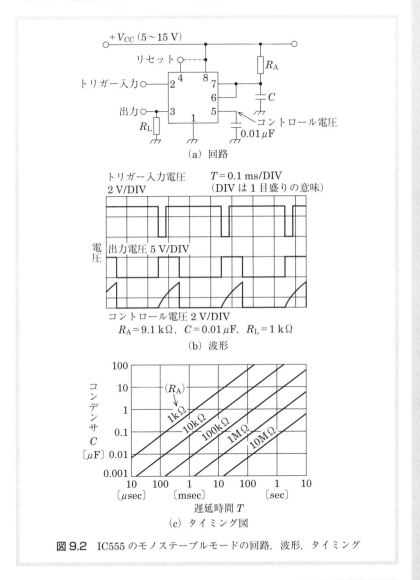

図9.2 IC555 のモノステーブルモードの回路，波形，タイミング

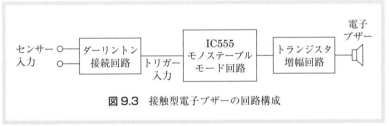

図9.3 接触型電子ブザーの回路構成

■ 製作

製作するものは，前述のとおりIC555のモノステーブルモードを使ったタッチセンサーです。接触型電子ブザーの回路を図9.4に，使用する部品を表9.1に示します。なお，ジャンプワイヤーは，製品のキットに含まれているものや別売りのジャンプワイヤーキットの中から長さの合うものを選んで挿し込みます。

センサーの入力端子は，トランジスタ2本をダーリントン接続の構成にして高感度で動作するようになっています。このダーリントン接続の出力をIC555のトリガー入力に与えてモノステーブル発振を行わせます。本回路が動作する（タッチすると）電子ブザーBZ_1が鳴り始め，設

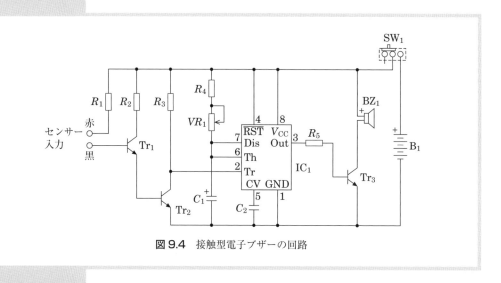

図9.4 接触型電子ブザーの回路

表9.1 部品表

部品番号	部品名［表示］	型番・容量など	個数
BZ_1	電子ブザー	TMB-05	1
C_1	電解コンデンサ	$47\mu F$	1
C_2	積層セラミックコンデンサ	$0.01\mu F$	1
IC_1	タイマーIC	LMC555（または互換品）	1
R_1, R_4	カーボン抵抗［茶黒橙金］	$10k\Omega$	2
R_2	カーボン抵抗［橙橙赤金］	$3.3k\Omega$	1
R_3	カーボン抵抗［赤赤赤金］	$2.2k\Omega$	1
R_5	カーボン抵抗［茶黒赤金］	$1k\Omega$	1
VR_1	可変抵抗［105］	$1M\Omega$	1
Tr_1, Tr_2, Tr_3	トランジスタ（NPN形）	KTC3198（2SC1815）	3
SW_1	スライドスイッチ	MMS-A-1-2N	1
B_1	電池ボックス	単3×4本／ワイヤー付き	1
	ジャンプワイヤー（ミノムシ）	SMP-200	2

定した時間になると音が止まります。時間設定は，半固定抵抗 VR_1 で変化させます。この VR_1 による時間設定は最大 26 秒ほどです。

■ **部品の実装**

小型ブレッドボード（SAD-101）に接触型電子ブザーの部品を組み込んだ実体配線図を図 9.5 に，完成したブレッドボードを写真 9.1（73 ページ）に示します。センサーの入力端子にミノムシクリップを使用していますが，この部分は金属片など導通するものであれば何でも使えます。電源は単 3 乾電池 4 本を使用した 6 V で，この乾電池はワイヤー付きの電池ボックスに入れて使用します。

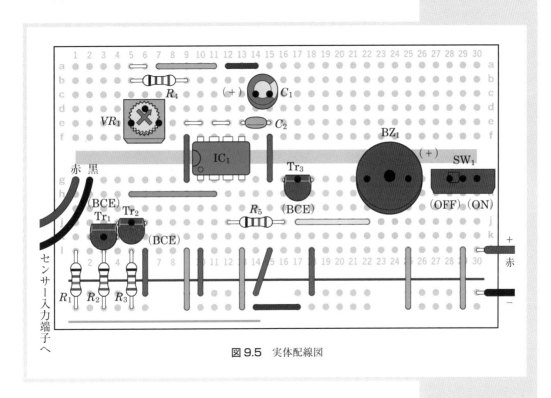

図 9.5　実体配線図

写真9.2 接触型電子ブザーのブレッドボード

■ 接触型電子ブザーの使い方

スライドスイッチ SW_1 を ON にして，センサー入力端子を指先でタッチすると同時に電子ブザー BZ_1 が鳴り出し，設定時間が経過するとブザーは停止します。なお，このブザーが鳴っている間に指先を離したり，またタッチしたりしても設定時間は変わることなく最初にタッチしたときを基準として時間が経過すると停止します。

10 電子オルガン

　タイマーIC555を使った電子オルガンの製作です。IC555をアステーブルというモードで動作させると連続的な発振が得られます。けん盤代わりのスイッチごとに，音階相当の発振周波数が出る数値の抵抗を接続して電子オルガンを構成します。

　小型ブレッドボード（SAD-101）1枚には，けん盤用のタクトスイッチが5個実装できますので，5音階（ド・レ・ミ・ファ・ソ）で弾ける曲「ちょうちょ」の楽譜を用意しました（図10.5）。

　小型ブレッドボード（SAD-101）1枚を追加して音階を増やすと，全部で15音階が得られるようになります。5音階の製作を試してから，別途部品を入手して15音階にチャレンジするとよいでしょう。

　写真10.1に完成した5音階の電子オルガンの構成を示します。

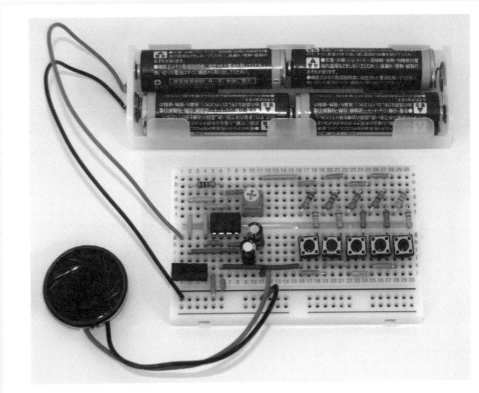

写真10.1　5音階の電子オルガンの構成

■ 電子オルガンについて

電子楽器の音源としては，トランジスタを使用したマルチバイブレータ回路を応用して，その信号を得ることができますが，小型ブレッドボード（SAD-101）にそれらの回路を実装するには，部品の点数が多くなるため「9 接触型電子ブザー」でも使った便利な IC555 を発振源として使用します。その構成を図 10.1 に示します。

なお，電子オルガンでは，IC555 をアステーブルモード※というフリーランニング（自走型）マルチバイブレータ発振にして利用します。このアステーブルモードよるマルチバイブレータの動作を図 10.2 に示します。その出力は図 10.2 (b) のような波形が得られますが，その発振周

※連続的にパルス信号を発生する。

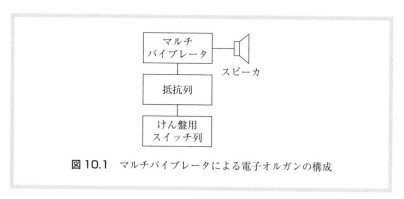

図 10.1 マルチバイブレータによる電子オルガンの構成

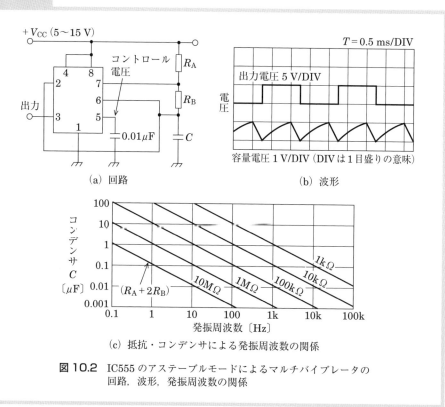

(a) 回路　　(b) 波形

(c) 抵抗・コンデンサによる発振周波数の関係

図 10.2 IC555 のアステーブルモードによるマルチバイブレータの回路，波形，発振周波数の関係

波数は図10.2(c)のグラフから抵抗($R_A + 2R_B$)とコンデンサCの値によって決められます。したがって，音階については，発振周波数を決定する外付けの抵抗回路（直列接続）の抵抗値を変えることで設定できます。

■ 製作（5音階の電子オルガン）

まず簡易的な5音階の電子オルガンを製作します。5音階の電子オルガンの回路を図10.3に示します。5音階なのでドレミファソまでとします。使用する部品を表10.1に示しますが，5音階で使用するのはIC 1個，抵抗11本，コンデンサ3本，可変抵抗1個，スピーカ1個，タクトスイッチ5個，スライドスイッチ1個，小型ブレッドボードSAD-101 1枚，単3乾電池4本（6 V）です。なお，ジャンプワイヤーは，製品のキットに含まれているものや別売りのジャンプワイヤーキットの中から長さの合うものを選んで挿し込みます。

各音階の基本音は，可変抵抗VR_1（10 kΩ）で調整して決め，各音階のけん盤はタクトスイッチが担います。

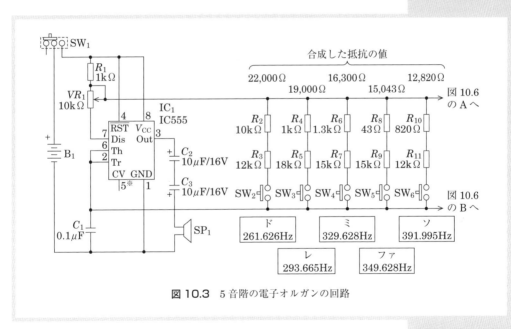

図10.3　5音階の電子オルガンの回路

※通常は干渉を防ぐために5番ピン（CV）とGNDの間に0.01μF程度のコンデンサを接続するが，干渉に配慮が必要ない場合は接続しないことがある。

表10.1 部品表（5音階の電子オルガン用）

部品番号	部品名［表示］	型番・容量など	個数
IC_1	タイマーIC	LMC555（または互換品）	1
R_8	カーボン抵抗［黄橙黒金］	43Ω	1
R_{10}	カーボン抵抗［灰赤茶金］	820Ω	1
R_1, R_4	カーボン抵抗［茶黒赤金］	1kΩ	2
R_6	カーボン抵抗［茶橙赤金］	1.3kΩ	1
R_2	カーボン抵抗［茶黒橙金］	10kΩ	1
R_3, R_{11}	カーボン抵抗［茶赤橙金］	12kΩ	2
R_7, R_9	カーボン抵抗［茶緑橙金］	15kΩ	2
R_5	カーボン抵抗［茶灰橙金］	18kΩ	1
VR_1	可変抵抗［103］	10kΩ	1
C_1	積層セラミックコンデンサ	0.1μF	1
C_2, C_3	電解コンデンサ	10μF	2
SP_1	スピーカ	SBS-P02	1
$SW_2 \sim SW_6$	タクトスイッチ	DTST-62K-V	5
SW_1	スライドスイッチ	MMS-A-1-2N	1
B_1	電池ボックス	単3×4本／ワイヤー付き	1

■ **部品の実装**

　小型ブレッドボード（SAD-101）に5音階の電子オルガンの部品を組み込んだ実体配線図を図10.4に，部品を組み込んで完成した5音階のブレッドボードを写真10.2に示します。電源は単3乾電池4本を使用した6Vで，この乾電池はワイヤー付きの電池ボックスに入れて使用します。

　1オクターブ（8音）のけん盤にするにはスイッチが足りませんが，ここでは5個並べ，その音の出力用には小型スピーカを使って鳴らします。

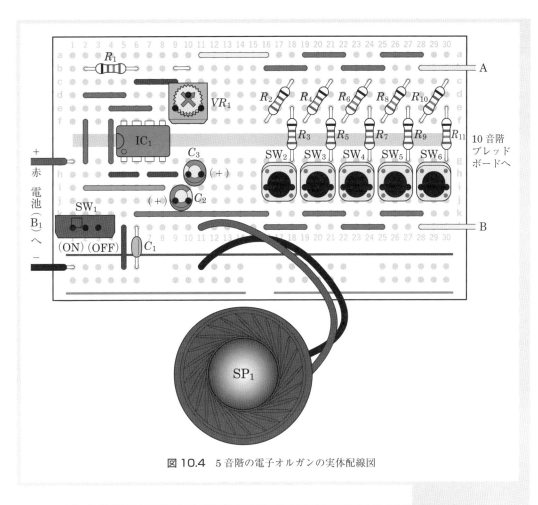

図 10.4 5音階の電子オルガンの実体配線図

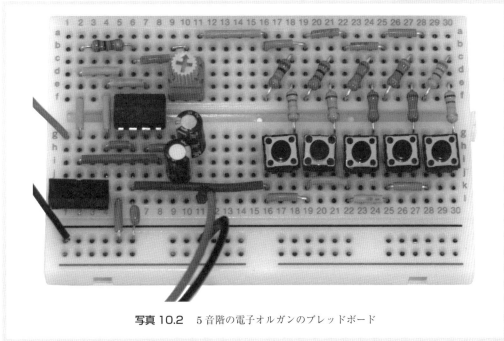

写真 10.2 5音階の電子オルガンのブレッドボード

■ 5音階の電子オルガンの使い方

笛やハーモニカなどを使用して，可変抵抗 VR_1 を回し音階の基本音※を決めてください（チューニング）。ドレミファソの5音階は，調整なしで音が出ます。

チューニングが完了したら，5音階で演奏できる「ちょうちょ」を演奏してみましょう。図10.5に「ちょうちょ」を演奏するためにタクトスイッチを押す順番を1, 2, 3, 4, 5で示します。けん盤のようにスイッチを押してみてください。5音階のドレミファソの音で演奏できます。

※ドの音の音程を決める。

```
533      422      1234     555
ちょうちょ  ちょうちょ  なのはに    とまれ

5333     4222     1355     333
なのはに    あいたら    さくらに    とまれ

2222     234      3333     345
さくらの    はなの     はなから    はなへ

5333     422      1355     333
とまれよ    あそべ     あそべよ    とまれ
```

図10.5　「ちょうちょ」演奏スイッチの順
　　　　（1：ド　2：レ　3：ミ　4：ファ　5：ソ）

■ 15音階の電子オルガンへ拡張

製作した5音階の電子オルガンを基本に，さらに10個のタクトスイッチと抵抗を組み込んだもう1枚の小型ブレッドボード（SAD-101）を追加して15音階にします。ブレッドボードが2枚横に連結した構成になります。

15音階の電子オルガンにするための追加回路を図10.6に示します。追加する10音階分の部品（タクトスイッチ，抵抗など）を組み込んだ実体配線図を図10.7に，使用する部品を表10.2に，完成したブレッドボードを写真10.3に示します。ブレッドボードへの部品の実装は，5音階の電子オルガンのけん盤の代わりのタクトスイッチや抵抗と同様に組み込み，そのブレッドボードを写真10.4のように並列に接続するだけです。

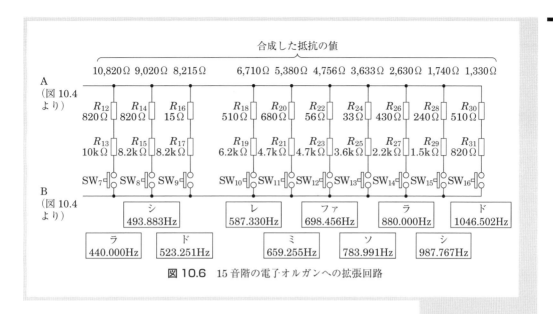

図10.6 15音階の電子オルガンへの拡張回路

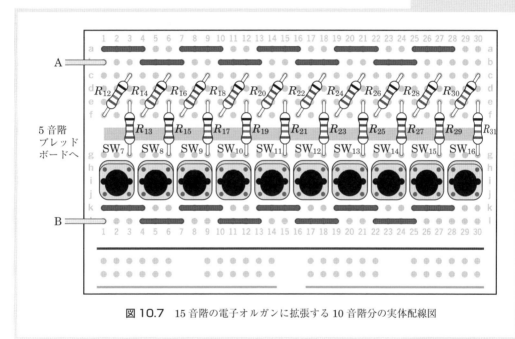

図10.7 15音階の電子オルガンに拡張する10音階分の実体配線図

表10.2 追加する10音階分の部品表

部品番号	部品名［表示］	型番・容量など	個数
R_{16}	カーボン抵抗［茶緑黒金］	15 Ω	1
R_{24}	カーボン抵抗［橙橙黒金］	33 Ω	1
R_{22}	カーボン抵抗［緑青黒金］	56 Ω	1
R_{28}	カーボン抵抗［赤黄茶金］	240 Ω	1
R_{26}	カーボン抵抗［黄橙茶金］	430 Ω	1
R_{18}, R_{30}	カーボン抵抗［緑茶茶金］	510 Ω	2
R_{20}	カーボン抵抗［青灰茶金］	680 Ω	1
R_{12}, R_{14}, R_{31}	カーボン抵抗［灰赤茶金］	820 Ω	3
R_{29}	カーボン抵抗［茶緑赤金］	1.5 kΩ	1
R_{27}	カーボン抵抗［赤赤赤金］	2.2 kΩ	1
R_{25}	カーボン抵抗［橙青赤金］	3.6 kΩ	1
R_{21}, R_{23}	カーボン抵抗［黄紫赤金］	4.7 kΩ	2
R_{19}	カーボン抵抗［青赤赤金］	6.2 kΩ	1
R_{15}, R_{17}	カーボン抵抗［灰赤赤金］	8.2 kΩ	2
R_{13}	カーボン抵抗［茶黒橙金］	10 kΩ	1
$SW_7 \sim SW_{16}$	タクトスイッチ	DTST-62K-V	10
ジャンプワイヤー	ジャンプワイヤー（セット）	SKS-100	1

写真10.3　15音階の電子オルガンに拡張する10音階部分のけん盤スイッチのブレッドボード

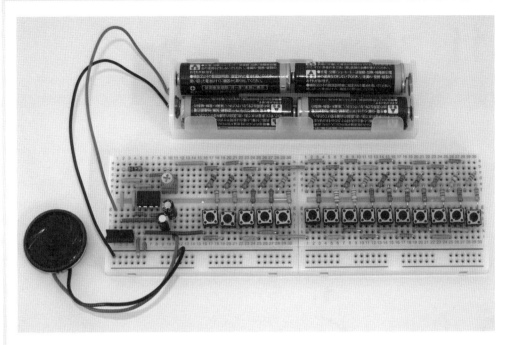

写真 10.4 15音階の電子オルガンの全体の構成

■ 15音階の電子オルガンの使い方

15音階に拡張したことで,2オクターブまでの曲を演奏できます。好みの曲を演奏してみてください。オルガンやピアノの経験者であれば,簡易なオルガンとして楽しめることでしょう。

11 スイッチ式電子ブザー

押しボタンのスイッチ動作として，押すと ON，離すと OFF というタイプが一般的ですが，一度押すと ON が継続され，もう一度押すと OFF になるスイッチ回路を使ったブザーの製作です。この動作を電子的に実現するには，デジタル IC 回路の JK フリップフロップを使用すると容易に作ることができます。

製作する回路では，タクトスイッチを押すたびに，電子ブザーを鳴らしたり止めたりの動作となります。一度押すと，また押すまで鳴り続けます。

このようなタイプの切り替えスイッチをトグルスイッチと呼んでいます。電子ブザーの代わりとして，LED と抵抗を直列に接続したものに挿し替えて光らせることも可能ですので，スイッチ動作の変化を楽しんでください。

写真 11.1 に完成した全体の構成を示します。

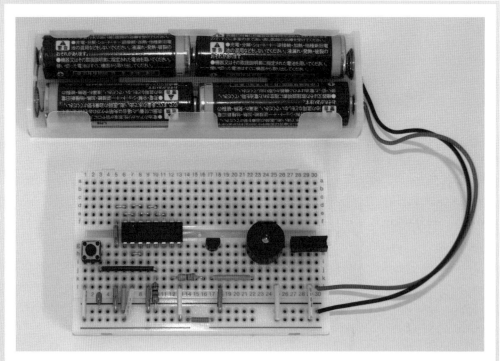

写真 11.1　全体の構成

■ トグルスイッチについて

一般的なトグルスイッチの例を写真 11.2 に，図記号を図 11.1 に示します。手でレバーを動かすことでスイッチの接点を切り替える構造になっています。トグルとは，同じ操作で二つの状態を切り替える仕組みのことで，スイッチを傾ける操作で OFF から ON，そして元に戻すと ON から OFF の状態に切り替えることができるので，このスイッチはトグルスイッチと呼ばれています。

なお，レバー式のトグルスイッチに対して，ボタン式でトグルと同じ切り替え動作ができるスイッチにオルタネートスイッチ※というタイプのスイッチもあります。

※ 1 回押すと ON，もう 1 回押すと OFF になるスイッチ。これに対して押している間だけ ON (または OFF) になるものをモーメンタリスイッチという。

写真 11.2　トグルスイッチの例

図 11.1　トグルスイッチの図記号

■ トグルを実現する JK フリップフロップ回路

ここで製作するスイッチ式電子ブザーに使う電子スイッチ回路は，JK フリップフロップ※回路を応用しています。JK フリップフロップ回路は，パルスの数を計測するカウンタ回路としてもよく使用されますが，ここで製作する電子スイッチではカウンタ機能は使わずに基本的な機能の一部を使います。

製作で使用する IC は，16 ピン DIP CMOS デジタル IC の CD4027BE と呼ばれるものです。この IC には図 11.2 に示すように，JK フリップフロップ回路が二つ入っていますが，製作ではこのうちの片方の JK フリップフロップ回路だけを使います。ピン接続，および真理値などは図 11.2 を参照してください。

※入力端子 J と K の状態の組み合わせによって出力の Q や Q̄ 端子にクロックに同期した別の状態を出力する。

なお，CD4027BEのようなCMOSのICは静電気に弱いため，使用しないIC回路のピンはGND※に接続しておきます。

※原則として電源のマイナスのこと。

※メーカーのデータシートにより＋側の電源端子がV_{SS}と書かれていることがある。

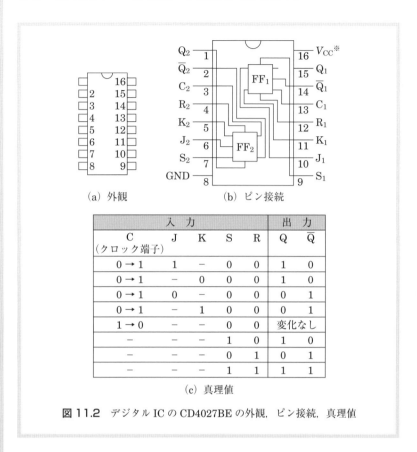

図11.2 デジタルICのCD4027BEの外観，ピン接続，真理値

■ JKフリップフロップ回路によるトグルスイッチの実現

図11.3にJKフリップフロップ回路でトグルスイッチを実現する回路を示します。この回路によりクロックパルス入力端子Cにパルスが加わる※たびに，出力Q，$\overline{Q}$が反転します。また，パルスが加わらなければ出力状態は変わりませんので，この回路はトグルスイッチとして機能します。

※一瞬の入力の場合もあるのでパルスと表現しているが，手動などにより1回，1回，間隔をおいて信号を加える場合もある。

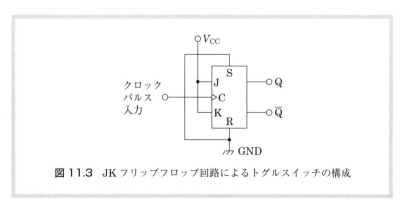

図11.3 JKフリップフロップ回路によるトグルスイッチの構成

■ JKフリップフロップ回路のトグルスイッチ動作の想定

図11.3のJKフリップフロップ回路の動作を想定してみましょう。セット端子S（Set）とリセット端子R（Reset）は利用しないのでGNDに接続します。

端子Jと端子Kは，共にV_{CC}（6 V）に接続するとします。このときの状態は，S = 0，R = 0，J = 1，K = 1で，その入出力関係を図11.4に示します。

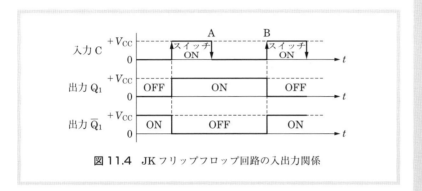

図11.4　JKフリップフロップ回路の入出力関係

この条件で，0から1（0 V $\Rightarrow$ +V_{CC}）になるクロックパルスがクロック端子Cに加わると，そのたびに出力Qと$\overline{Q}$のON/OFFが変化します。ここでクロックパルスが1から0（+V_{CC} $\Rightarrow$ 0 V）になったときの状態を見ると，図11.4のA点でわかるように，出力Qと$\overline{Q}$は変化していません。

その後，B点のようにまた0から1（0 V $\Rightarrow$ +V_{CC}）になるクロックパルスがクロック端子Cに加わるときのみ出力Qと$\overline{Q}$は変化します。この動作は図11.2の真理値からもわかります。

このようにしてトグルスイッチの機能が得られたことがわかります。モーメンタリスイッチのように，ボタンを離してもOFFにならないところがこの回路の特徴です。

■ 製作

押すごとにOFFからON，そしてONからOFFになる電子ブザーの回路を図11.5に，使用する部品を表11.1に示します。なお，ジャンプワイヤーは，製品のキットに含まれているものや別売りのジャンプワイヤーキットの中から長さの合うものを選んで挿し込みます。この回路では，IC_1の出力Q_1側に電子ブザーBZ_1の回路を接続して，タクトスイッチSW_1を押すたびに電子ブザーBZ_1を鳴らしたり，止めたりできます。動作としては，入力信号（ボタン操作）が0から1になったときにQ_1を変化させたいので，タクトスイッチSW_1を押したときにクロッ

ク端子 C_1 に V_{CC} が加わるようにします。この結果となる Q_1 の変化（1 または 0）に応じてトランジスタ Tr_1 は電子ブザー BZ_1 を駆動させます。

なお，タクトスイッチ SW_1 を押すと，その接点において接触による雑音※が発生して回路が不安定になることがあります。その対策としてコンデンサ C_1 と抵抗 R_1 を付けることでその雑音を吸収しています。

※スイッチの金属接触部分が接触状態になる際に微細な速い機械的振動を起こす現象。

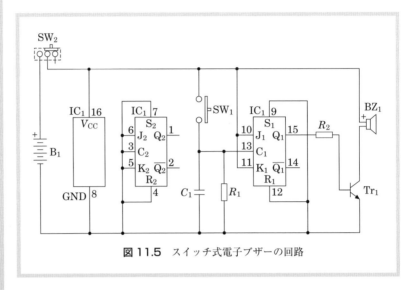

図 11.5　スイッチ式電子ブザーの回路

表 11.1　部品表

部品番号	部品名［表示］	型番・容量など	個数
BZ_1	電子ブザー	TMB-05	1
C_1	積層セラミックコンデンサ	$0.1\,\mu F$	1
IC_1	JK フリップフロップ	CD4027BE	1
R_1	カーボン抵抗［茶黒赤金］	$1\,k\Omega$	1
R_2	カーボン抵抗［橙橙赤金］	$3.3\,k\Omega$	1
Tr_1	トランジスタ（NPN 形）	KTC3198（2SC1815）	1
SW_1	タクトスイッチ	DTST-62K-V	1
SW_2	スライドスイッチ	MMS-A-1-2N	1
B_1	電池ボックス	単3×4本／ワイヤー付き	1

■ 部品の実装

小型ブレッドボード（SAD-101）にスイッチ式電子ブザーの部品を組み込んだ実体配線図を図 11.6 に，完成したブレッドボードを写真 11.3 に示します。電源は単 3 乾電池 4 本を使用した 6 V で，この乾電池はワイヤー付きの電池ボックスに入れて使用します。全体の構成は写真 11.1（88 ページ）を参照してください。

なお，IC_1 はブレッドボードの中央部にある溝をまたぐように組み込み，IC_1 の空きピン（1〜7）は電源の −（マイナス）に接続します。

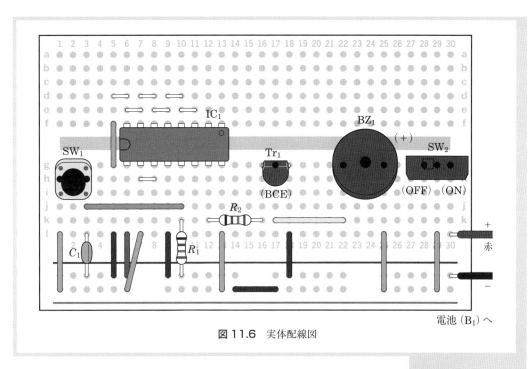

図 11.6 実体配線図

写真 11.3 スイッチ式電子ブザーのブレッドボード

■ スイッチ式電子ブザーの使い方

電源 B_1（電池）を接続してスライドスイッチ SW_2 を ON にし，タクトスイッチ SW_1 を押してみましょう。押すたびに，電子ブザーが鳴り出したり，止まったりします。電子ブザーの音量は，細かく調整できませんが，電子ブザーの上部の穴にシールやテープを貼ることで音量を下げることができます。

12 踏切警報機
（JK フリップフロップ応用回路）

ICを使ったLEDの点滅と，電子ブザーを断続的（交互）に鳴らす回路の製作です。カウンタを駆動するクロックパルスはタイマーICを使い，カウンタはJKフリップフロップICを使います。光の点滅と音が交互になる鳴る動作を見ると，踏切警報機を思い浮かべることと思います。

この製作ではJKフリップフロップ回路が二つ内蔵されているICを1個使い，同期式4進カウンタという回路を構成してLEDと電子ブザーを交互に動作させています。

ここで紹介する回路の製作によってIC555とJKフリップフロップの使い方の理解を深めてください。各回路を図12.1に，完成した光と音の複合回路（踏切警報機）の全体の構成を写真12.1に示します。

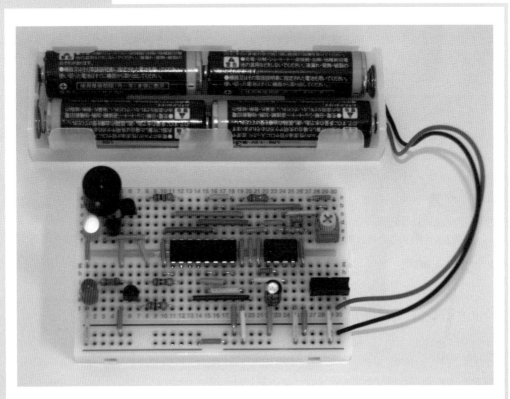

写真12.1 全体の構成

■ JKフリップフロップ応用回路について

図 12.1 に (a) LED 2 本を交互に光らせる回路, (b) 電子ブザーを鳴らす回路, (c) 光と音の複合回路を示します。

図 12.1 (c) 光と音の複合回路は, JK フリップフロップ回路 2 個を使用した同期式 4 進カウンタ構成です。カウンタ 1 段目の出力 1Q に LED_1 駆動用のトランジスタ Tr_1 が, 出力 $\overline{1Q}$ に LED_2 駆動用トランジスタ Tr_2 が, 2 段目の出力 2Q に電子ブザー BZ_1 駆動用のトランジスタ Tr_3 が接続されています。

図 12.2 に JK フリップフロップを使用した同期式 4 進カウンタ回路の構成と動作を示します。カウンタを動作させるクロック信号はタイマー IC555 の出力を使用しています。

図 12.2 (b) に示すとおり, クロック信号が 0 か 4 個目のとき (CLK 0 か 4) に, 出力 1Q と出力 2Q は 0 レベル, 出力 $\overline{1Q}$ が 1 レベルで, トランジスタ Tr_1, Tr_3 とも動作せず, トランジスタ Tr_2 のみ駆動されて LED_2 のみ点灯します。

次にクロック信号が 1 個与えられる (CLK 1) と, 出力 1Q が 1 レベル, 出力 $\overline{1Q}$ と出力 2Q が 0 レベルとなり LED_1 が点灯しますが, LED_2 は消灯して電子ブザーは鳴りません。

そして, またクロック信号が与えられる (CLK 2) と, 出力 1Q が 0 レベル, 出力 $\overline{1Q}$ が 1 レベル, 出力 2Q が 1 レベルとなり LED_1 は消灯して, LED_2 が点灯して電子ブザーが鳴ります。

さらにクロック信号が与えられる (CLK 3) と, 出力 1Q が 1 レベル, 出力 $\overline{1Q}$ が 0 レベル, 出力 2Q が 1 レベルとなり LED_1 が点灯して, LED_2 は消灯して電子ブザーが鳴ります。

次にまたクロック信号が与えられると, カウンタはリセット状態のときと同じ出力 1Q と出力 2Q は 0 レベル, 出力 $\overline{1Q}$ は 1 レベルとなり, 前述の動作に戻って繰り返します。

タイミング(時間間隔)の信号源は「10 電子オルガン」で紹介したIC555 をアステーブルモードで動作させて, その出力を JK フリップフロップが 2 回路入っている CD4027BE (以下 IC4027) のクロック入力に送ります。すると IC4027 内の JK フリップフロップの一つは 2 本のLED を交互に点灯させ, もう一つは LED_1 の点灯回数が偶数回 (つまり 1 回おき) になると同期してブザー BZ_1 を鳴らします。

このタイミングは, ブザー BZ_1 をコントロールする IC4027 の IC_{2B} の JK 入力を LED_1 のコントロール信号から得ることで実現しています。したがって, LED_1 が 2 回目, 4 回目…と偶数回目に点灯するときに, ブザー BZ_1 が鳴り出し, LED_1 が奇数回目のときに止まります。JK フ

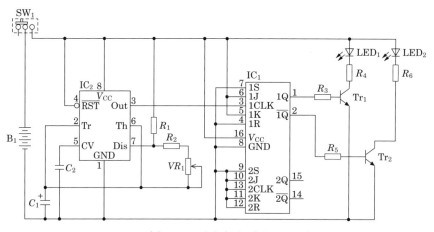

(a) LED 2 本を交互に光らせる回路

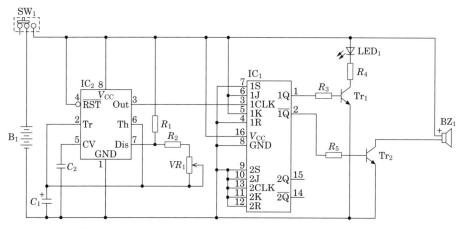

(b) 電子ブザーを鳴らす回路（LED とブザーが交互に反応する回路）

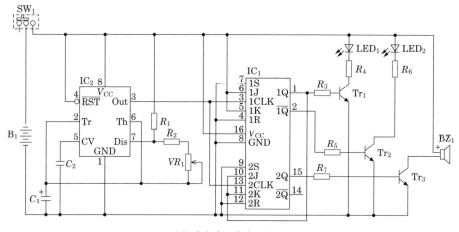

(c) 光と音の複合回路

図 12.1　JK フリップフロップ応用回路

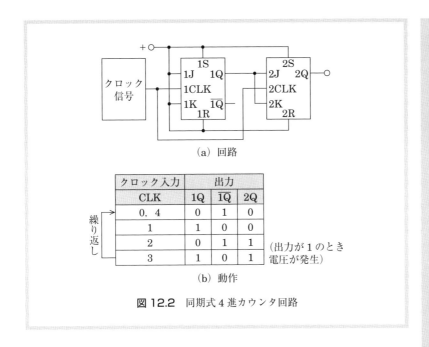

図 12.2 同期式 4 進カウンタ回路

リップフロップ IC4027 のピン接続と動作は図 11.2（90 ページ）を参照してください。

LED$_1$，LED$_2$ とブザー BZ$_1$ のコントロールは，NPN 形トランジスタ 3 個（Tr$_1$，Tr$_2$，Tr$_3$）で行っています。LED$_1$，LED$_2$ の切り替えスピードは，IC555 の発振周波数をコントロールする VR$_1$ で行います。

■ 製作

JK フリップフロップ応用回路の製作は，図 12.1 の（a）〜（c）の中から集大成として（c）光と音の合成回路の製作を紹介します。

JK フリップフロップ応用回路の製作は，部品数が多くなっていますので，ほかの製作を試してブレッドボードと部品の組み込みなどに慣れてからチャレンジしてください。この応用回路の部品の見方や挿し込みは，ほかの作品と同じですので，その製作を経験していれば部品が多くなっても JK フリップフロップ応用回路も難なく製作できることでしょう。図 12.1（c）の製作以外の図 12.1（a）や図 12.1（b）を製作される場合も，完成した各ブレッドボードの写真 12.2 を見ながら製作できることと思います。

■ 部品の実装

　小型ブレッドボード（SAD-101）に，光と音の複合回路の部品を組み込んだ実体配線図を図12.3に，LED 2本を交互に光らせる回路と電子ブザーを鳴らす回路および光と音の複合回路の完成したブレッドボードを写真12.2に示します。図12.1（a）LED 2本を交互に光らせる回路，および（b）電子ブザーを鳴らす回路の部品の組み込みについては，（c）光と音の複合回路の実体配線図を参考にして，写真12.2の完成した各ブレッドボードのように部品を組み込んで試されるとよいでしょう。また，これらに使用する部品を表12.1に示します。なお，ジャンプワイヤーは，製品のキットに含まれているものや別売りのジャンプワイヤーキットの中から長さの合うものを選んで挿し込みます。

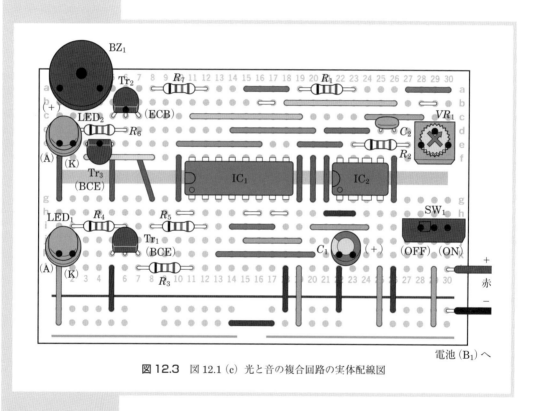

図12.3　図12.1（c）光と音の複合回路の実体配線図

表12.1　部品表

部品番号	部品名［表示］	型番・容量など	図12.1(a)の個数(LED-LED)	図12.1(b)の個数(LED-BZ)	図12.1(c)の個数(LED-LED-BZ)
Tr_1, Tr_2, Tr_3	トランジスタ（NPN形）	KTC3198（2SC1815）	2	2	3
IC_1	IC4027	CD4027BE	1	1	1
IC_2	タイマーIC	LMC555	1	1	1
LED_1, LED_2	LED（赤　5φ）	SLR-56VR3F	2	1	2
R_1	カーボン抵抗［茶緑橙金］	15 kΩ	1	1	1
R_2	カーボン抵抗［橙橙橙金］	33 kΩ	1	1	1
R_3, R_5, R_7	カーボン抵抗［茶黒赤金］	1 kΩ	2	2	3
R_4, R_6	カーボン抵抗［茶緑茶金］	150 Ω	2	1	2
VR_1	可変抵抗［104］	100 kΩ	1	1	1
C_1	電解コンデンサ	4.7 µF	1	1	1
C_2	積層セラミックコンデンサ	0.1 µF	1	1	1
BZ_1	電子ブザー	TMB-05		1	1
SW_1	スライドスイッチ	MMS-A-1-2N	1	1	1
B_1	電池ボックス	単3×4本／ワイヤー付き	1	1	1

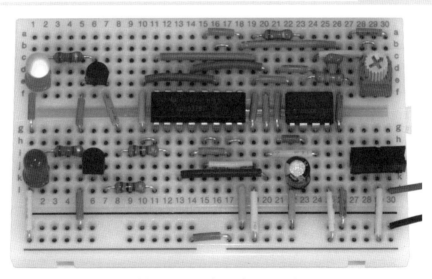

(a) LED 2本を交互に光らせる回路

写真12.2(1)　完成した各ブレッドボード

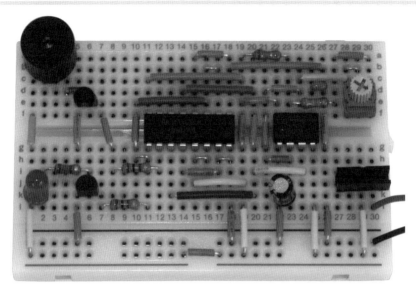

(b) 電子ブザーを鳴らす回路

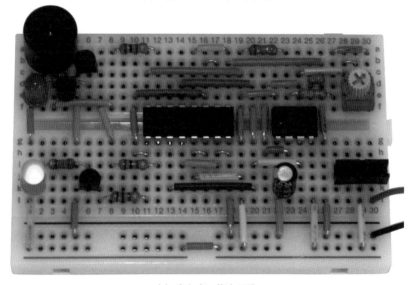

(c) 光と音の複合回路

写真 12.2 (2) 完成した各ブレッドボード

■ 光と音の複合回路（踏切警報機）の使い方

ほかのブレッドボードの製作と同様に電源は単3乾電池4本を使い電圧6Vとして接続し，電源スイッチSW_1をONにすると，スタート時にLED_1から点灯を始めます。LED_1が消灯すると同時にLED_2が点灯します。そして，次にまたLED_1が点灯すると同時に，今度は点灯している間電子ブザーBZ_1が鳴ります。前述の動作説明のとおり，LED_1の点灯が偶数回のときに同期して鳴るのです。動作のスピード調整は可変抵抗VR_1のつまみを回して行います。

付 録

■ 部品の入手先について

　以下のパーツセットはサンハヤト製品取扱店，パーツショップ等から購入可能です。製品の詳細はサンハヤトにお問い合わせください。

　本書内の各回路を実験するにはSBS-203，SBS-203-P01の両方が必要です。また，SBS-300は，これらをセットにしてA4サイズのケースに入れたものです。このセットがあれば，すぐに製作が始められます。

　（1）タイマーIC555を使った電子工作セット　　　　　　［SBS-203］
　（2）タイマーIC555を使った電子工作セット　追加パーツ
　　　　　　　　　　　　　　　　　　　　　　　　　　［SBS-203-P01］
　（3）たのしくできる光と音のブレッドボード電子工作パーツセット
　　　　　　　　　　　　　　　　　　　　　　　　　　　［SBS-300］

《お問い合わせ先》
　　サンハヤト株式会社　　営業部
　　〒170-0005　東京都豊島区南大塚3-40-1
　　TEL 03-3984-7791［平日9：00～17：00］　FAX 03-3971-0535
　　ホームページ　http://www.sunhayato.co.jp/

■ カラーの展開図・写真のダウンロード

　ブレッドボード展開図のイラストと写真（いずれも，カラーPDF形式）をダウンロードすることができます。動画で回路の動作を確認することもできます。また，ICやトランジスタの規格表がインターネット上で公開されていますので，検索サイトにて『"データシート"＋型番』のように検索して参考にするとよいでしょう。

《ホームページのアドレス》
　　東京電機大学出版局のホームページ　http://www.tdupress.jp/
　　［トップページ］→［サポート情報］→［ダウンロード］→［たのしくできる光と音のブレッドボード電子工作］
　　●ブレッドボード展開図（PDF形式・カラーイラスト）
　　●ブレッドボード展開図（PDF形式・カラー写真）
　　●完成回路の動作している様子（動画／ストリーミング形式）

■ **イラストの入手方法について**

本文中で使用しているイラストは，東京電機大学出版局のホームページ（http://www.tdupress.jp/）からダウンロードできます。色を塗ったり，自由にアレンジしてみよう。

1 ウインクわんちゃん（トランジスタ式マルチバイブレータ）

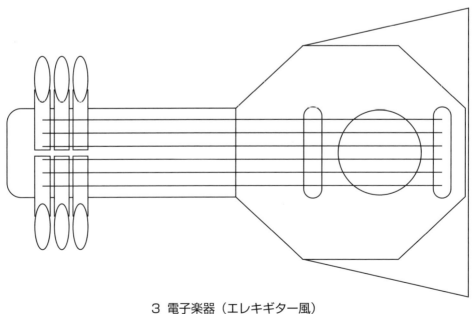

3 電子楽器（エレキギター風）

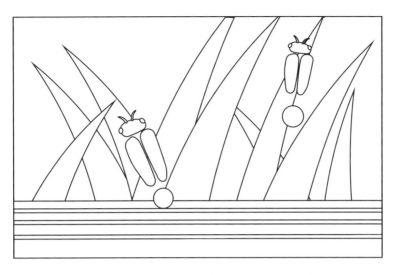

5 電子ホタル（トランジスタ式充放電回路）

6 小鳥のさえずり器（トランジスタ式充放電発振器）

索引

■ 英数字

- F ……………………………………… 7
- GND …………………………………… 90
- IC ……………………………………… 10
- IC555 ………………………………… 73, 79
- IC4027 ………………………………… 95, 97
- ICのピン ……………………………… 11
- JKフリップフロップ ………………… 89, 91
- kΩ …………………………………… 4
- LED …………………………………… 9, 68
- MΩ …………………………………… 4
- nF ……………………………………… 7
- NPN形 ………………………………… 9, 19
- NPN形トランジスタ ………………… 38
- pF ……………………………………… 7
- PNP形 ………………………………… 9, 19
- PNP形トランジスタ ………………… 38
- *RC*回路 ……………………………… 33
- μF ……………………………………… 7
- 4進カウンタ ………………………… 95, 97

■ あ 行

- 足を延ばす …………………………… 31
- アステーブルモード ………………… 80
- 圧電スピーカ ………………………… 12, 58
- 圧電素子 ……………………………… 12
- アノード ……………………………… 3, 8
- アルカリ乾電池 ……………………… 16, 17
- 一次電池 ……………………………… 16
- 印加 …………………………………… 48
- うなり音 ……………………………… 43
- エミッタ ……………………………… 9
- オーム ………………………………… 4
- オルタネート ………………………… 89
- 音量 …………………………………… 93

■ か 行

- カーボン抵抗 ………………………… 4
- カソード ……………………………… 3, 8
- 可変抵抗 ……………………………… 5
- カラーコード ………………………… 4
- 間欠動作 ……………………………… 55
- クロックパルス ……………………… 90
- 検出部 ………………………………… 73
- けん盤 ………………………………… 82
- 工具 …………………………………… 20
- 高容量 ………………………………… 49
- コレクタ ……………………………… 9
- コレクタ電流 ………………………… 62
- コンデンサ …………………………… 2, 6
- コンデンサマイク …………………… 15, 64, 65

■ さ 行

- サウンドセンサー …………………… 61
- 挿し込み穴 …………………………… 3
- 挿し込む ……………………………… 2
- 時間幅 ………………………………… 64
- 弛張発振回路 ………………………… 32, 33, 43
- 時定数 ………………………………… 48, 66, 68
- 時定数回路 …………………………… 48
- 遮断状態 ……………………………… 33
- ジャンプワイヤー …………………… 2
- 集積回路 ……………………………… 10
- 充電時間 ……………………………… 68
- 充放電時間 …………………………… 68
- ショート ……………………………… 31, 42
- スイッチ ……………………………… 14
- 図記号 ………………………………… 19
- スピーカ ……………………………… 11
- スライドスイッチ …………………… 15

整流回路⋯⋯⋯⋯⋯⋯⋯⋯⋯⋯⋯ 61
セラミックコンデンサ⋯⋯⋯⋯⋯⋯⋯ 7

増幅率⋯⋯⋯⋯⋯⋯⋯⋯⋯⋯⋯⋯ 62

■ た 行
ダーリントン接続⋯⋯⋯⋯⋯⋯ 61, 62, 76
ダイオード⋯⋯⋯⋯⋯⋯⋯⋯⋯⋯ 2, 8
ダイナミックスピーカ⋯⋯⋯⋯⋯⋯ 11
タイマー⋯⋯⋯⋯⋯⋯⋯⋯⋯ 66, 67, 74
タイマー IC555 ⋯⋯⋯⋯⋯⋯⋯⋯ 73
タクトスイッチ⋯⋯⋯⋯⋯⋯⋯ 14, 49, 79
タッチセンサー⋯⋯⋯⋯⋯⋯⋯⋯ 73
単位⋯⋯⋯⋯⋯⋯⋯⋯⋯⋯⋯⋯ 4, 7

蓄積⋯⋯⋯⋯⋯⋯⋯⋯⋯⋯⋯⋯ 67

抵抗⋯⋯⋯⋯⋯⋯⋯⋯⋯⋯⋯⋯ 2, 4
抵抗値⋯⋯⋯⋯⋯⋯⋯⋯⋯⋯⋯ 4
テスター⋯⋯⋯⋯⋯⋯⋯⋯⋯⋯ 32
テスター端子⋯⋯⋯⋯⋯⋯⋯⋯ 32, 35
電荷⋯⋯⋯⋯⋯⋯⋯⋯⋯⋯⋯ 44, 67
電解コンデンサ⋯⋯⋯⋯⋯⋯⋯⋯ 7
電気二重層キャパシタ⋯⋯⋯⋯⋯ 66, 69
電源⋯⋯⋯⋯⋯⋯⋯⋯⋯⋯⋯ 29, 68
電源電圧⋯⋯⋯⋯⋯⋯⋯⋯⋯⋯ 68
電磁回路⋯⋯⋯⋯⋯⋯⋯⋯⋯⋯ 13
電子楽器⋯⋯⋯⋯⋯⋯⋯⋯⋯⋯ 38
電子ブザー⋯⋯⋯⋯⋯⋯⋯⋯ 13, 93
電池⋯⋯⋯⋯⋯⋯⋯⋯⋯⋯⋯⋯ 16
電流制限用⋯⋯⋯⋯⋯⋯⋯⋯⋯ 55

導通テスター⋯⋯⋯⋯⋯⋯⋯⋯ 32
トグルスイッチ⋯⋯⋯⋯⋯⋯⋯⋯ 89
ドライバー⋯⋯⋯⋯⋯⋯⋯⋯⋯ 20
トランジスタ⋯⋯⋯⋯⋯⋯⋯ 2, 9, 10
トリガー⋯⋯⋯⋯⋯⋯⋯⋯⋯⋯ 74

■ な 行
鉛フリー⋯⋯⋯⋯⋯⋯⋯⋯⋯⋯ 23

ニカド電池⋯⋯⋯⋯⋯⋯⋯⋯⋯ 18
二次電池⋯⋯⋯⋯⋯⋯⋯⋯⋯⋯ 16

ニッケルカドミウム蓄電池⋯⋯⋯⋯ 18
ニッケル水素電池⋯⋯⋯⋯⋯⋯⋯ 18
ニッパー⋯⋯⋯⋯⋯⋯⋯⋯⋯⋯ 21
入力端子⋯⋯⋯⋯⋯⋯⋯⋯⋯⋯ 77

■ は 行
発光ダイオード⋯⋯⋯⋯⋯⋯⋯⋯ 9
発振回路⋯⋯⋯⋯⋯⋯⋯⋯⋯⋯ 32
発振器⋯⋯⋯⋯⋯⋯⋯⋯⋯ 26, 27, 74
発振周波数⋯⋯⋯⋯⋯⋯⋯⋯⋯ 32
バッテリー⋯⋯⋯⋯⋯⋯⋯⋯⋯ 16
パルス⋯⋯⋯⋯⋯⋯⋯⋯⋯⋯ 33, 90
パルス波形⋯⋯⋯⋯⋯⋯⋯⋯⋯ 33
半固定抵抗⋯⋯⋯⋯⋯⋯⋯⋯⋯ 5
はんだ⋯⋯⋯⋯⋯⋯⋯⋯⋯⋯⋯ 23
ハンダコテ⋯⋯⋯⋯⋯⋯⋯⋯⋯ 22

ヒーター容量⋯⋯⋯⋯⋯⋯⋯⋯ 22
ピンセット⋯⋯⋯⋯⋯⋯⋯⋯⋯ 21
ピン番号⋯⋯⋯⋯⋯⋯⋯⋯⋯⋯ 10

部品の図記号⋯⋯⋯⋯⋯⋯⋯⋯ 19
ブレッドボード⋯⋯⋯⋯⋯⋯⋯⋯ 2, 3

ベース⋯⋯⋯⋯⋯⋯⋯⋯⋯⋯⋯ 9

放電⋯⋯⋯⋯⋯⋯⋯⋯⋯⋯ 44, 64, 67

■ ま 行
マイク⋯⋯⋯⋯⋯⋯⋯⋯⋯⋯⋯ 15
マイラコンデンサ⋯⋯⋯⋯⋯⋯⋯ 7
マルチバイブレータ⋯⋯⋯⋯⋯ 26, 27
マルチバイブレータ発振⋯⋯⋯⋯ 80
マンガン乾電池⋯⋯⋯⋯⋯⋯⋯ 16, 17

ミノムシクリップ⋯⋯⋯⋯⋯⋯⋯ 30

モノステーブルモード⋯⋯⋯⋯⋯ 74

■ や・ら 行
容量表示⋯⋯⋯⋯⋯⋯⋯⋯⋯⋯ 7

ラジオペンチ⋯⋯⋯⋯⋯⋯⋯⋯ 21

【著者紹介】

西田和明（にしだ・かずあき）

　学　歴　東京電機大学　工学部第一部　機械工学科　卒業
　職　歴　日本電気（株）
　資　格　アマチュア無線局（JA1ISN）開局，第一級アマチュア無線技士
　現　在　「科学おもちゃクリエイター」として各地の学校，カルチャー・センターで科学工作教室の講師を務めている。
　著　書　『たのしくできるブレッドボード電子工作』『たのしくできるやさしいエレクトロニクス工作』『たのしくできるやさしい電子ロボット工作』『たのしくできるやさしい電源の作り方』（以上，東京電機大学出版局），『新電子工作入門』『手作りラジオ工作入門』（以上，講談社ブルーバックス）などがある。

たのしくできる
光と音のブレッドボード電子工作

2017年7月20日　第1版1刷発行　　　　　　　ISBN 978-4-501-33230-3　C3055

著　者　西田和明
　　　　© Nishida Kazuaki　2017

発行所　学校法人　東京電機大学　　〒120-8551　東京都足立区千住旭町5番
　　　　東京電機大学出版局　　　　〒101-0047　東京都千代田区内神田1-14-8
　　　　　　　　　　　　　　　　　Tel. 03-5280-3433（営業）03-5280-3422（編集）
　　　　　　　　　　　　　　　　　Fax.03-5280-3563　振替口座 00160-5-71715
　　　　　　　　　　　　　　　　　http://www.tdupress.jp/

JCOPY ＜(社)出版者著作権管理機構　委託出版物＞
本書の全部または一部を無断で複写複製（コピーおよび電子化を含む）することは，著作権法上での例外を除いて禁じられています。本書からの複製を希望される場合は，そのつど事前に，(社)出版者著作権管理機構の許諾を得てください。また，本書を代行業者等の第三者に依頼してスキャンやデジタル化をすることはたとえ個人や家庭内での利用であっても，いっさい認められておりません。
［連絡先］Tel. 03-3513-6969，Fax. 03-3513-6979，E-mail：info@jcopy.or.jp

編集協力：㈱QCQ企画　　組版：㈲新生社
印刷：㈱加藤文明社　　製本：渡辺製本㈱　　装丁：大貫伸樹
落丁・乱丁本はお取り替えいたします。　　　　　　　　　　　　　Printed in Japan